高等职业教育规划教材

电机与电气控制技术

李金钟　主编

苏州大学出版社

图书在版编目(CIP)数据

电机与电气控制技术/李金钟主编. —苏州:苏州大学出版社,2004.8(2011.12 重印)
高等职业教育规划教材
ISBN 978-7-81090-301-1

Ⅰ. 电… Ⅱ. 李… Ⅲ. ①电机学—高等学校:技术学校—教材 ②电气控制—高等学校:技术学校—教材 Ⅳ. ①TM3②TM921.5

中国版本图书馆 CIP 数据核字(2004)第 070506 号

电机与电气控制技术
李金钟 主编
责任编辑 薛华强

苏州大学出版社出版发行
(地址:苏州市十梓街 1 号 邮编:215006)
常州市武进第三印刷有限公司印装
(地址:常州市武进区湟里镇村前街 邮编:213154)

开本 787mm×1 092mm 1/16 印张 9.5 字数 237 千
2004 年 8 月第 1 版 2011 年 12 月第 4 次印刷
ISBN 978-7-81090-301-1 定价:12.50 元

苏州大学版图书若有印装错误，本社负责调换
苏州大学出版社营销部 电话:0512-65225020
苏州大学出版社网址 http://www.sudapress.com

编写说明

为了适应高职电气、机电类专业人才培养的需要，实现课程综合化，加强课程的实践性、实用性、针对性，突出岗位能力培养的特点，突出理论联系实际的特点，对现有的课程内容体系进行整合，保留必要的基本原理，重点介绍各种电机、电器的用途和性能特点；介绍技术参数和使用注意事项；介绍常见故障分析处理方法，介绍各种电机、电器的测试方法和操作使用技能。

全书共分七章，主要内容包括：直流电机、变压器、三相异步电动机、单相异步电动机、微特电机、低压电器、电气控制线路、电气控制技术应用等。对常用的交、直流电动机，增加了相关的维护、检修和操作使用方面的内容。全书还安排了与主要内容密切相关的四部分技能训练。通过对本书的学习，使学生具备电气、机电类生产第一线高级专门人才所必需的电机与电气控制技术基本知识和基本技能，初步具有解决实际问题的能力，为学习其他专业知识和专业技能打下基础。

全书各部分内容力求反映科技发展的新产品、新工艺和新技术，例如增加了直流电动机降压起动、交流电动机变频起动、直流无刷电动机等内容，使教材内容与时俱进。

由于本课程的实践性很强，在选取教材内容时，从岗位的实际需要出发，最大限度地体现学以致用的原则。在讲清楚电机、电器的基本结构和工作原理的基础上，重点介绍在实际生产中的应用。本书以定性分析为主，尽最大可能减少复杂的数值计算和公式推导过程，减轻教师和学生的负担。

为了适应教学内容、教学方法和教学手段改革的需要，使课堂理论教学与实验室动手操作相结合，每部分内容后，都有与之对应的实践技能训练。通过各项技能训练，旨在进一步强化学生的实际动手操作能力，满足学生参加电工技术资格等级证书考核的需要。

本书在文字表述中力求简明扼要、通俗易懂；尽可能多地采用插图，以求直观形象，充分体现教材的高职特色，为培养生产第一线的高等实用型人才服务。

本书由李金钟主编，赵旭升、吴秋芹、陆志全、沈治副主编，南京师范大学王永止教授和南京工业职业技术学院何焕山高级讲师主审。

由于编者水平有限，错误之处在所难免，敬请读者批评指正。

编　者

目录

CONTENTS

第4章 微特电机

第5章 常用低压电器

第6章 电气控制线路

第7章 电气控制技术应用

绪 论

一、电机与电气控制技术在国民经济中的作用

电能是国民经济各部门中应用最为广泛的能源，而电能的产生、传输、分配和使用等各个环节都依赖于各种各样的电机；电力拖动是国民经济各部门中采用最多最普遍的拖动方式，而电力拖动系统的电气控制技术是实现生产过程电气化、自动化的根本保证。

电机是利用电磁作用原理实现机电能量转换的装置。发电机的作用是将机械能转换为电能；而电动机的作用是将电能转换为机械能。现代工业、农业、交通运输、科学技术、邮电通讯和日常生活等各个方面广泛应用的电能，几乎全部是由火力发电厂、水电站或核电站中的发电机产生的。电动机用作拖动各种生产机械的动力，是国民经济各部门应用最多的动力机械，也是最主要的用电设备，各种电动机所消耗的电能占全世界总发电量的60%以上。变压器的作用是将一种电压的交流电转换为另一种电压的交流电。在远距离输电过程中，利用变压器升高电压，减小电流，来达到减小线路损耗的目的；电能传送到用电目的地后，再用变压器降低电压，以保证用电的安全。微特电机的作用是实现信号的转换与传递，在自动控制系统中用作检测和执行元件，除国防工业应用较多以外，在数控机床、计算机外部设备、机器人和影像设备中也均有大量使用。

电力拖动是指用电动机作为动力拖动各种生产机械工作。例如各种机床、轧钢机、风扇、水泵、起重机、电车和电梯等。由电动机、传动机构、工作机构、控制设备以及电源等组成的电力拖动系统比其他拖动方式(例如风力拖动、水力拖动、蒸汽机或内燃机拖动等)有许多无法比拟的优点，最主要的优点是起动、调速、制动和反转等控制过程比其他方法容易实现，而且具有较好的静态特性和动态特性；特别是随着电力电子技术和计算机技术的发展，进一步提高了电力拖动系统的性能指标，使电力拖动系统生产设备的工作效率和产品质量进一步提高，为生产过程的自动化提供了十分有利的条件。

电气控制是利用电气元件对电力拖动系统进行控制。例如各种开关、按钮、继电器、接触器、半导体器件等都可以作为电气控制元件。它们根据生产工艺的要求，按照一定的线路组成电气控制系统，自动地控制电动机的起动、调速、制动和正反转等，使生产机械按照预先制定的工作过程改变运动速度、方向和工作部件的位置，以及工作循环的自动化等。随着科学技术的突飞猛进，对生产工艺的要求越来越高，这就对电气控制技术提出了更高的要求。要求电气控制系统最大限度地满足生产工艺的要求，力求简单经济，保证安全可靠，同时操作、维护方便。控制方法从手动到自动，功能从简单到复杂，控制技术从单机控制到群体控制，操作由笨重到轻便，推动了生产技术的不断更新和高速发展。

综上所述，电机与电气控制技术在国民经济中起着极其重要的作用。

二、电机与电气控制技术的发展

电机工业的发展与国民经济和科学技术的发展密切相关。1821 年，法拉第发现了载流导体在磁场中受到电磁力的作用，根据这个原理制成了电动机；1831 年，法拉第又发现了导体切割磁力线产生感应电动势的电磁感应定律，同年 10 月，他发明了世界上第一台发电机。1889 年俄国科学家设计制造了三相变压器和三相异步电动机；1891 年三相异步电动机开始使用，从而开拓了电能应用的新局面，工业上的动力机械特别是蒸汽机很快被电动机所取代，人类从繁重的体力劳动中解放出来，并完成了过去不能和不易完成的生产任务，同时为生产过程自动化创造了有利条件，把社会生产力推进到了电气化时代，这在社会进步史上被称为第二次技术革命。

19 世纪后期到 20 世纪初是世界电机工业迅猛发展的时期，而我国却沦为半封建半殖民地的国家，电机工业发展受到了严重的束缚。直到解放前夕，全国仅沿海几个大城市有几家规模小、设备陈旧、技术落后的电机厂，主要从事电机维修和生产电风扇之类的小电机。解放后，我国的电机工业迅速发展，刚开始时仿制前苏联产品，1953 年全国进行了中小型电机的统一设计，从而有了自己的产品。1958 年制造了世界上第一台 1.2 万 kW 的双水内冷汽轮发电机，震动了国际电工界。1964 年制成了 12.5 万 kW 的双水内冷汽轮发电机。1972 年制成了 30 万 kW 的双水内冷汽轮发电机和水轮发电机。1987 年制成了 60 万 kW 定子水冷、转子氢冷的汽轮发电机。我国从 20 世纪 50 年代开始研制电机，经历了产品仿制、自行设计和研制，逐步形成了自己的生产体系，现有1 000多个品种，其中中小型电机的换代过程为 J→JO→JO2→Y→Y2，目前已大批量生产 Y2 系列电机，达到国际同期先进水平。

电气控制技术由手动控制逐步向自动控制方向发展。手动控制是利用刀开关、控制器等手动控制电器，由人力操纵实现电动机起动、停止或正反转；自动控制是利用自动控制装置来控制电动机，人在整个生产工作过程中只是发出信号，监视生产机械的运行状况。电气控制分为断续控制系统和连续控制系统。20 世纪 80 年代电力电子技术和微电子技术的迅速发展，以及二者的相互融合，使交流电动机调速技术有很大突破，出现了鼠笼式电动机变频调速系统和绕线式异步电动机的转子串级调速系统。调速技术上的突破，使交流电机调速系统得到了迅速推广，它正逐步取代直流调速系统。

1969 年，美国率先研制出第一台可编程控制器（简称 PLC），随后许多国家竞相研制，各自形成体系。它具有数据运算、数据处理和网络通信等多种功能，最大的优点是可靠性高，平均无故障运行时间可达 10 万小时以上，现已成为电气控制系统中应用很广泛的一种控制装置。20 世纪 70 年代出现了计算机群控系统，由一台较大型的计算机控制管理多台数控机床和数控加工中心，能完成多品种、多工序的产品加工。近年来又出现了计算机集成制造系统（CIMS）、综合运用计算机辅助设计（CAD）、计算机辅助制造（CAM）、智能机器人等多项高技术，形成了产品设计与制造的智能化生产的完整体系。

电气控制技术的发展是随着社会生产规模的扩大、生产水平的提高而不断发展的，同时它反过来又促进社会生产力的进一步提高，从而为电气控制系统达到最佳运行状态，实现最理想的控制提供了条件。

三、本课程的性质、任务、主要内容和学习方法

本课程是“电气自动化”、“工业自动化”、“机电一体化”、“生产过程自动化”、“数控技术”等专业的一门实用性很强的专业课，是电机学、电力拖动基础和电气控制三门学科的有机结合。它涉及面较广，既有理论又有实际技术问题；既有从应用角度出发对一般原理和运行特性的论述，又有依据工程观念对实际问题进行简化、抓住主要因素进行讨论的工程方法。

本课程的主要任务是使学生熟悉各种电机、变压器和常用低压电器的基本结构、工作原理和主要特性，并掌握各种电动机起动、调速、制动、反转的原理、方法和控制线路，了解各种电机及控制方法的优缺点和适用场合；培养学生在电机与电气控制方面独立分析问题和解决实际问题的能力；学习测试电机、变压器的技能，熟悉分析处理电机、电气控制系统常见故障的方法，掌握连接常用电气控制线路的基本方法，进行实验实训技能的训练，为学习后续课程和今后的工作创造必要的条件。

学习《电机与电气控制技术》的方法：

(1) 对于初学者来说，会感到本课程较为复杂、抽象，故应该从应用、实用、使用的角度出发，从实际应用的例子中体会学习电机与电气控制技术的必要性，提高学习兴趣。

(2) 本课程的学习过程中要特别强调理论联系实际。学习各种电机、变压器、低压电器的结构时，可以结合实物，弄清各部件的组成和作用，以增强感性认识。在实验、实习中要多动脑动手，将所学知识用于分析电机与电气控制线路的常见故障及检修。

(3) 学习中应注意各种电机的共性和特殊性，善于归纳总结，加深理解。

(4) 熟悉常用控制电器的结构、原理、用途，了解其型号、规格和应用场合，并能正确选用。

(5) 熟练掌握电气控制电路的分析方法，根据生产工艺的不同要求，设计和连接各种电气控制线路。

第 1 章 直流电机

1.1 直流电机的特点和用途

直流电机包括直流电动机和直流发电机两类。将机械能转变成直流电能的电机称为直流发电机;将直流电能转变成机械能的电机称为直流电动机。直流电机具有可逆性,一台直流电机工作在发电机状态,还是工作在电动机状态,取决于电机的运行条件。

1.1.1 直流电机的特点

直流电动机和交流电动机相比,它的调速范围广,调速平滑、方便;过载能力大,能承受频繁的冲击负载;可实现频繁的无级快速起动、制动和反转;能满足生产过程自动化系统各种不同的特殊运行要求。而直流发电机则具有提供无脉动的电力、输出电压便于精确地调节和控制等特点。但直流电机也有它显著的缺点:一是制造工艺复杂,消耗有色金属较多,生产成本高;二是直流电机在运行时由于电刷与换向器之间易产生火花,因而运行可靠性较差,维护比较困难。所以在一些领域中已被交流变频调速系统所取代。但是直流电动机的应用目前仍占有较大的比重。

1.1.2 直流电机的用途

由于直流电动机具有良好的起动和调速性能,常应用于对起动和调速有较高要求的场合,如大型可逆式轧钢机、矿井卷扬机、龙门刨床、电动机车、大型车床和大型起重机等生产机械中就常以直流电动机作为原动机。

直流发电机主要用作各种直流电源,如直流电动机电源、化学工业中电解电镀所需的低电压大电流的直流电源、直流电焊机电源等。

直流电机的用途与励磁方式有密切关系,下面就按照不同的励磁方式来说明直流电动机和发电机的各种用途。分别见表 1.1 和表 1.2。

表 1.1 直流电动机的用途

励磁方式	他 励	并 励	串 励	复 励
用 途	用于起动转矩较大的恒速负载和要求调速的传动系统,如离心泵、风机、金属切削机床、纺织印染、造纸和印刷机械等		用于要求很大的起动转矩,转速允许有较大变化的负载,如蓄电池供电车、起货机、起锚机、电车、电力传动车等	用于要求起动转矩较大,转速变化不大的负载,如空气压缩机、冶金辅助传动机械等

表1.2　直流发电机的用途

励磁方式	他　励	并　励	串　励	复　励
用　途	用于交流电动机—直流发电机—直流电动机系统中，实现直流电动机的恒转矩宽广调速	充电、电镀、电解、冶炼等用直流电源	直流电源，如用柴油机拖动的独立电源等	用作升压机等

1.2　直流电机的分类和额定值

1.2.1　直流电机的分类

直流电机按励磁方式的不同，可分为他励和自励两大类。而自励电机，按励磁绕组与电枢绕组的联接方式的不同，又可分为并励、串励和复励三种。

1. **他励直流电机**

励磁绕组与电枢绕组无电路上的联系，励磁电流 I_f 由一个独立的直流电源提供，与电枢电流 I_a 无关，如图1.2.1(a)所示，有较好的运行性能。

2. **并励直流电机**

励磁绕组与电枢绕组并联，如图1.2.1(b)所示。对发电机而言，励磁电流由发电机自身提供；对电动机而言，励磁绕组与电枢绕组并接于同一外加电源。

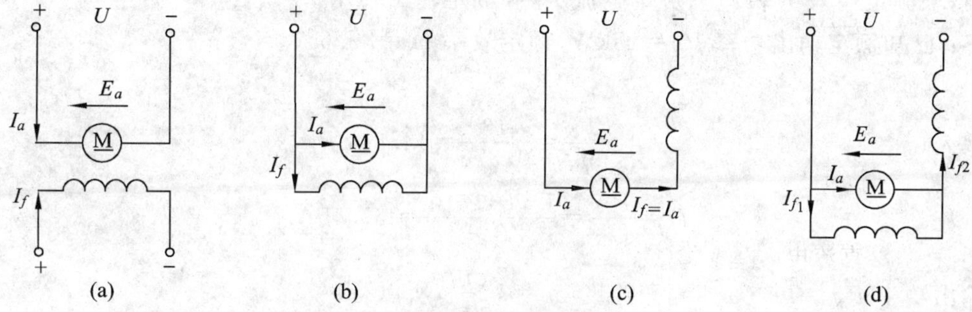

图1.2.1　各种励磁方式

3. **串励直流电机**

励磁绕组与电枢绕组串联，如图1.2.1(c)所示。对发电机而言，励磁电流由发电机自身提供；对电动机而言，励磁绕组与电枢绕组串接于同一外加电源；$I_a=I_f$。

4. **复励直流电机**

励磁绕组的一部分和电枢绕组并联，另一部分与电枢绕组串联，如图1.2.1(d)所示。

直流电机还可以分别按转速、电流、电压、工作定额以及按防护型式、安装结构型式和通风冷却方式等特征来分类。

1.2.2 直流电机的额定值

额定值是电机制造厂对电机正常运行时有关的电量或机械量所规定的数据。额定值是选用电机的依据。直流电机的额定值有：

(1) 额定功率 P_N：电机在额定情况下允许输出的功率。对于发电机，是指输出的电功率；对于电动机，是指轴上所输出的机械功率，单位一般都为 W 或 kW。

(2) 额定电压 U_N：在额定情况下，电刷两端输出或输入的电压，单位为 V。

(3) 额定电流 I_N：在额定情况下，电机流出或流入的电流，单位为 A。

直流发电机额定电流为

$$I_N=\frac{P_N\times10^3}{U_N}$$

直流电动机额定电流为

$$I_N=\frac{P_N\times10^3}{U_N\cdot\eta_N}$$

式中 η_N——额定效率

(4) 额定转速 n_N：在额定功率、额定电压、额定电流时电机的转速，单位为 r/min。

(5) 额定励磁电压 U_{fN}：在额定情况下，励磁绕组所加的电压，单位为 V。

(6) 额定励磁电流 I_{fN}：在额定情况下，通过励磁绕组的电流，单位为 A。

若电机运行时，各物理量都与额定值一样，称额定状态。电机在实际运行时，由于负载的变化，往往不是总在额定状态下运行。电机在接近额定的状态下运行才是合理的。

[例 1-1] 一台直流电动机额定数据为：$P_N=13\text{kW}$，$U_N=220\text{V}$，$n_N=1\,500\text{r/min}$，$\eta_N=87.6\%$，求额定输入功率 P_{1N}、额定电流 I_N 和额定输出转矩 T_N。

解：已知额定输出功率 $P_N=13\text{kW}$，额定效率 $\eta_N=87.6\%$，

所以

额定输入功率 $$P_{1N}=\frac{P_N}{\eta_N}=\frac{13}{0.876}=14.84\text{kW}$$

额定电流 $$I_N=\frac{P_{1N}}{U_N}=\frac{14.84\times10^3}{220}=67.45\text{A}$$

由于输出功率 $P_N=T_N\cdot\omega_N$，而角速度 $\omega_N=\frac{2\pi n_N}{60}$，所以

额定转矩 $$T_N=\frac{60P_N\times10^3}{2\pi n_N}=9\,550\times\frac{P_N}{n_N}=9\,550\times\frac{13}{1\,500}=82.77\text{N}\cdot\text{m}$$

1.3 直流电机的结构和工作原理

1.3.1 直流电机的基本结构

直流电机由定子与转子(电枢)两大部分组成，定子部分包括机座、主磁极、换向极、端

盖、电刷等装置；转子部分包括电枢铁心、电枢绕组、换向器、转轴、风扇等部件。直流电机的基本结构如图1.3.1所示。

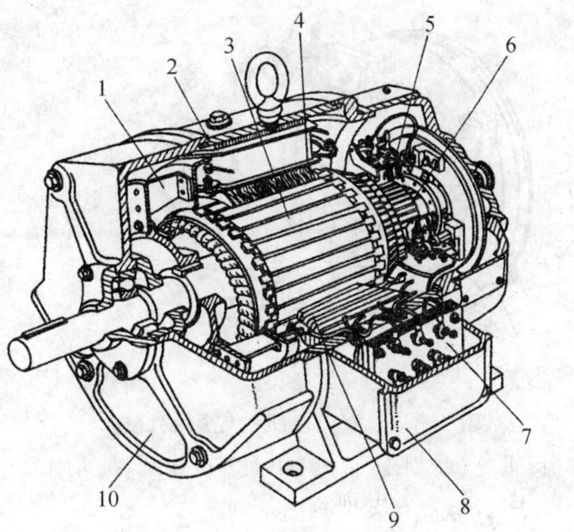

图1.3.1　直流电机的结构图

1. 风扇　2. 机座　3. 电枢　4. 主磁极　5. 刷架　6. 换向器　7. 接线板　8. 出线盒　9. 换向极　10. 端盖

1. 定子部分

(1) 机座

机座既可以固定主磁极、换向极、端盖等，又是电机磁路的一部分（称为磁轭）。机座一般用铸钢或厚钢板焊接而成，具有良好的导磁性能和机械强度。

(2) 主磁极

主磁极的作用是产生气隙磁场，由主磁极铁心和主磁极绕组（励磁绕组）构成，如图1.3.2所示。主磁极铁心一般由1.0～1.5mm厚的低碳钢板冲片叠压而成，包括极身和极靴两部分。极靴做成圆弧形，以使磁极下气隙磁通较均匀。极身上面套励磁绕组（由绝缘铜线绕制而成），绕组中通入直流电流。整个磁极用螺钉固定在机座上。直流电机的主磁极总是成对的，相邻主磁极的极性按N极和S极交替排列。

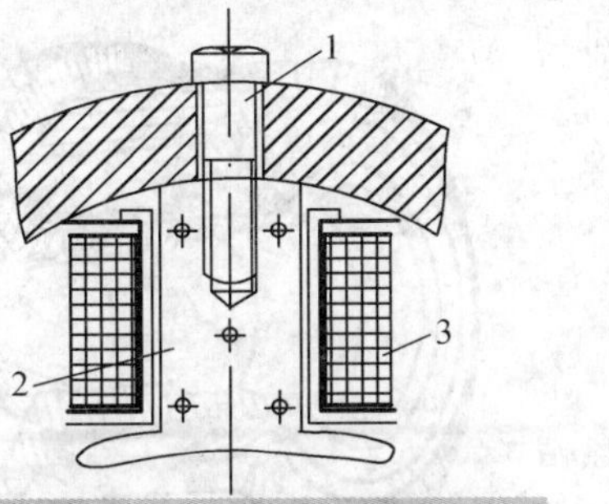

图1.3.2　直流电机的主磁极

1. 固定主磁极的螺钉　2. 主磁极极心　3. 励磁绕组

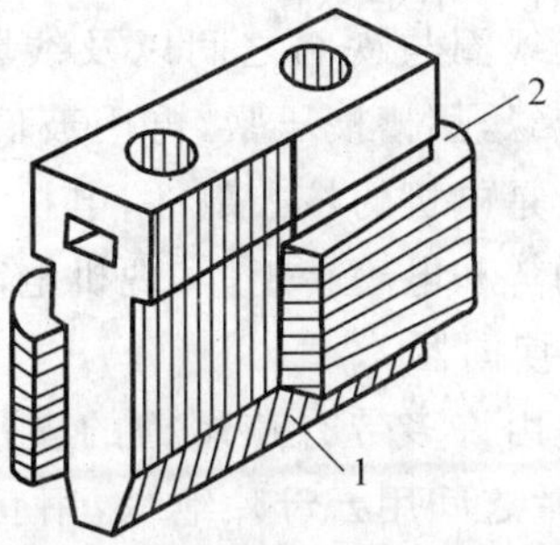

图1.3.3　直流电机的换向极

1. 换向极铁心　2. 换向极绕组

(3) 换向极

换向极用来改善换向，由铁心和套在铁心上的绕组构成，如图1.3.3所示。换向极铁心一般用整块钢制成，如换向要求较高，则用1.0～1.5mm厚的钢板叠压而成，其绕组中流过的是电枢电流。换向极装在相邻两主极之间，用螺钉固定在机座上。

(4) 电刷装置

电刷与换向器配合可以把转动的电枢绕组电路和外电路相连接，并把电枢绕组中的交流电转变成电刷两端的直流电。电刷装置由电刷、刷握、刷杆、刷杆架、弹簧、铜辫构成，如图1.3.4所示。电刷是用碳-石墨等做成的导电块，电刷装在刷握的刷盒内，用弹簧把它紧压在换向器表面上。电刷组的个数一般等于主磁极的个数。

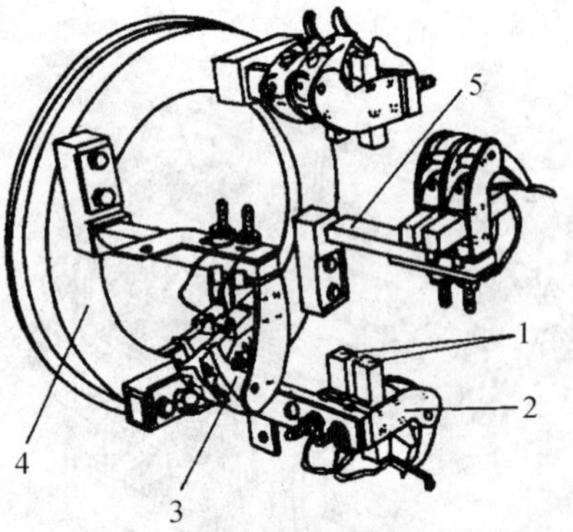

图 1.3.4 直流电机的电刷装置

1. 电刷 2. 刷握 3. 弹簧压板 4. 座圈 5. 刷杆

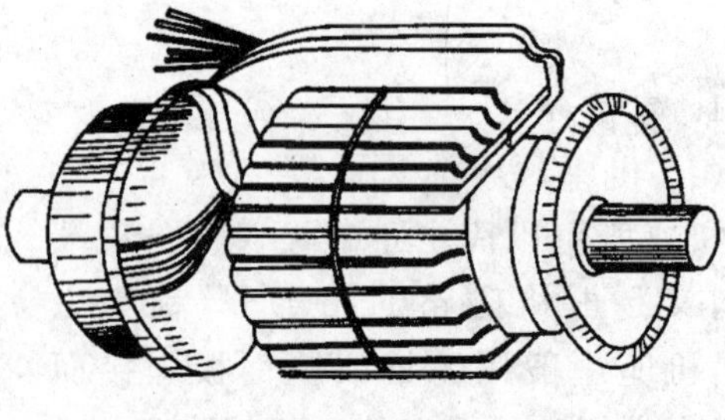

图 1.3.5 电枢铁心

2. 转子部分

(1) 电枢铁心

电枢铁心是电机磁路的一部分,其外圆周开槽,用来嵌放电枢绕组。电枢铁心一般用0.5mm厚、两边涂有绝缘漆的硅钢片叠压而成,如图 1.3.5 所示。电枢铁心固定在转轴或转子支架上。铁心较长时,为加强冷却,可把电枢铁心沿轴向分成数段,段与段之间留有通风孔。

(2) 电枢绕组

电枢绕组是用绝缘铜线绕制的线圈按一定规律嵌放到电枢铁心槽中,并与换向器作相应联接。线圈与铁心之间以及线圈的上下层之间均要妥善绝缘,用槽楔压紧,再用玻璃丝带或钢丝扎紧。电枢绕组是电机的核心部件,电机工作时在其中产生感应电动势和电磁转矩,实现机电能量的转换。

(3) 换向器

它是由许多带有燕尾槽的楔形铜片组成的一个圆筒,铜片之间用云母片绝缘,用套筒、云母环和螺帽紧固成一个整体,换向片套筒之间要妥善绝缘。电枢绕组中每个线圈上的两个端头接在不同换向片上。金属套筒式换向器如图 1.3.6 所示。小型直流电机的换向器是用塑料紧固的。换向器的作用是与电刷一起,起转换电动势和电流的作用。

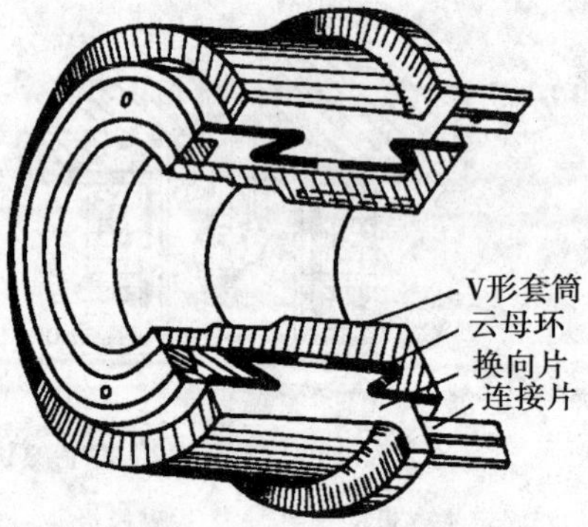

图 1.3.6 换向器

3. 气隙

定子与转子之间有空隙,称为气隙。在小容量电机中,气隙约为 0.5～3mm。气隙数值虽小,磁阻很大,为电机磁路中的主要组成部分。气隙的大小对电机运行性能有很大影响。

1.3.2 直流电机的工作原理

所有电机都是依据两条基本原理制造的:一条是导线切割磁力线产生感应电动势;另一条是载流导体在磁场中受电磁力的作用。前者是发电机基本原理,后者是电动机基本原理。

因此，从结构上来看，任何电机都包括磁路部分和电路部分；从原理上看都体现着电和磁的相互作用。

1. 直流发电机的工作原理

图 1.3.7 是直流发电机的原理图，定子上两个磁极 N、S，建立恒定磁场，两磁极中间是装在转子上的电枢。嵌入铁心的绕组 abcd 的两端 a、d 与两片相互绝缘的半圆形铜片（换向器）相接。通过电刷 A、B 与外电路相连。

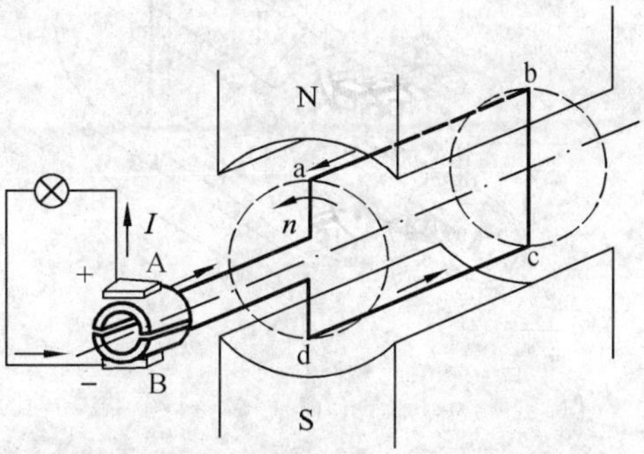

图 1.3.7　直流发电机原理图

当原动机带着电枢逆时针旋转时，线圈两有效边 ab 和 cd 将切割磁场磁力线产生感应电动势，方向按右手定则确定，在 S 极下由 d→c，在 N 极下由 b→a，电刷 A 为正极，电刷 B 为负极。负载电流的方向，由 A→B。当线圈转过 90°时，两线圈有效边位于磁场物理中性面上，不切割磁力线，感应电动势为零。虽然两电刷同时与两铜片相接，把线圈短路，但线圈中无电流。当线圈转过 180°时，此时线圈边中的电动势方向改变了，在 S 极下由 a→b，在 N 极下由 c→d。电刷 A 原来与铜片 1 接触变成与铜片 2 接触，电刷 B 原来与铜片 2 接触变成与铜片 1 接触。因此电刷 A 仍为正极，电刷 B 仍为负极。线圈每转过一对磁极，其两个有效边中的电动势方向就改变一次，但是两电刷之间的电动势方向是不变的，电动势只是大小在零和最大值之间变化。显然，这种电动势方向虽然不变，但大小波动很大，这样的电动势是没有实用价值的。要减小电动势的波动程度，实用的电机在电枢圆周表面装有较多数量的线圈和相应的铜片数。例如，电枢上每隔 90°装一个线圈边，互相串联。这样，换向后的合成电动势的波动程度就会显著减小。实际发电机的线圈数较多，所以电动势波动很小，可认为是恒定不变的直流电动势。

2. 直流电动机的工作原理

直流电动机在机械构造上与直流发电机完全相同，图 1.3.8 是直流电动机的原理图。电枢不用外力拖动。把电刷 A、B 接到直流电源上，假定电流从电刷 A 流入线圈，沿 a→b→c→d 方向，从电刷 B 流出。由电磁力定律可知，载流的线圈将受到电磁力的推动，其方向按左手定则确定，ab 边受力向左，cd 受力向右，形成转矩，结果使电枢逆时针方向转动。如图 1.3.8(a)所示。

当电枢转过 180°时，如图 1.3.8(b)所示，电流仍从电刷 A 流入线圈，沿 d→c→b→a 方向，从电刷 B 流出。与图 1.3.8(a)比较，通过线圈的电流方向改变了，但两个线圈边受电磁力的方向却没有改变，即电动机只向一个方向旋转。若要改变其转向，必须改变电源的极性，使电流从电刷 B 流入，从电刷 A 流出才行。

以上分析可知：一个线圈边从一个磁极范围经过中性面到相邻的异性磁极范围时，不论是发电机还是电动机，其线圈中的电流方向都要改变一次，而电枢的转动方向却始终不变，通过电刷与外电路连接的电动势、电流方向也不变。因此，直流发电机中换向器的作用是将电枢绕组产生的交流电转换为电刷间的直流电，起整流作用；直流电动机中换向器的作用是将电源的直流电转换为绕组中的交流电，保持电磁转矩的方向不变。

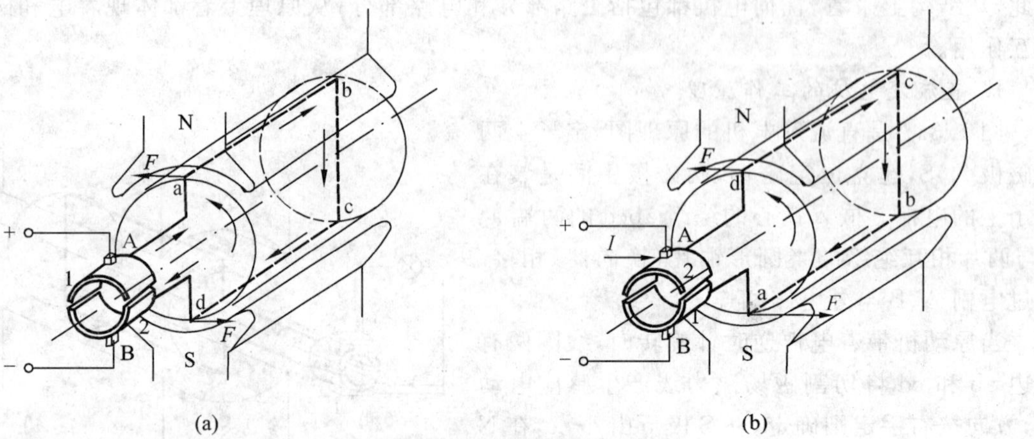

图 1.3.8 直流电动机的原理图

1.3.3 直流电机的电枢电动势及电磁转矩

1. 电枢电动势

电枢绕组是由绕组元件(线圈)按一定规律与换向片连接而成的,如图 1.3.9 所示。电枢旋转时,根据电磁感应定律 $e=Blv$,绕组各个元件边相对气隙磁场运动而感应出电动势,元件电动势即为两个元件边的电动势之和。电枢电动势为电枢绕组正、负极性电刷之间任一并联支路内各串联元件电动势的总和。元件交替通过不同极性磁场所感应的电动势为交变电动势;但由于电刷与换向片相对旋转,而与主极相对静止,每条支路内各元件所处的磁场位置维持不变,因此通过电刷与换向片的及时换接,支路电动势(即电枢电动势)为直流电动势。为使支路电动势最大,被电刷所短接的元件的轴线应与主磁极中心线重合,通常称为电刷应处于中性线位置。电刷处于中性线位置时,其电枢电动势可按下式计算:

$$E_a=C_e\Phi n \qquad (\mathrm{V}) \tag{1-1}$$

式中 $C_e=\dfrac{pN}{60a}$——电动势常数

Φ——每极气隙磁通 Wb

n——电枢转速 r/min

电枢电动势的极性根据磁场极性与旋转方向按右手定则决定,若二者只变其一,则电动势极性改变,若二者同时改变,则电动势极性不变。

2. 电磁转矩

根据电磁力定律 $f=Bli$,处于气隙磁场中的载流电枢绕组的各个元件边都将受到切向电磁力的作用,如图 1.3.9 所示。当电刷处于中性位置时,通过电刷的总电流为 I_a,则电磁转矩可按下式计算:

$$T=C_T\Phi I_a \qquad (\mathrm{N\cdot m}) \tag{1-2}$$

式中 $C_T=\dfrac{pN}{2\pi a}$——转矩常数

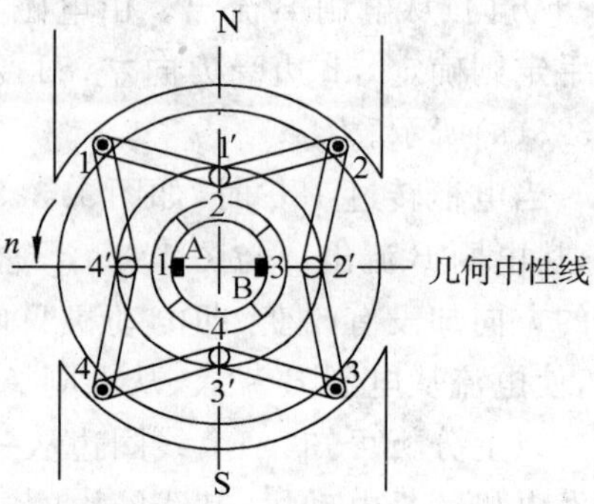

图 1.3.9 直流电机电枢绕组示意图

C_T 与 C_e 的关系是：$C_T=9.55C_e$

电枢中电磁转矩的方向根据磁场极性与电枢电流方向按左手定则决定，二者只变其一，转矩方向改变；二者同时改变，转矩方向不变。

1.4　直流电动机的机械特性和调速方法

1.4.1　直流电动机的机械特性

在直流电力拖动中，以他励和并励电动机应用较普遍。本节以他励电动机为例进行分析，因为并励电动机在电枢电压一定时，和他励电动机没有本质的区别，只要注意电枢电流 I_a 和额定电流 I_N 的区别就可以了。额定工作时他励直流电动机的电枢电流 I_a 就等于额定电流 I_N，而并励电动机的 $I_a=I_N-I_{fN}$。

在分析直流电动机运行时，常要研究电动机的转速与电磁转矩之间的关系，把这种关系用方程表示出来，对分析问题比较方便。

1. 他励直流电动机的机械特性

他励直流电动机电气原理如图 1.2.1(a)所示。当电源电压 $U=U_N$，励磁电流 $I_f=I_{fN}$，即主磁通 $\Phi=\Phi_N$，以及电枢电路不串电阻，即电枢电路电阻为 R_a 时，电动机的转速与电磁转矩之间的关系，即 $n=f(T)$，称为电动机的固有机械特性。若在 U、Φ、R_a 三个参数中任意改变其中的一个，所得的机械特性，就称为人为机械特性。

固有机械特性方程推导如下：

根据电动机运行的电压方程：$U=E_a+I_a\cdot R_a$，将 $E_a=C_e\Phi_N n$ 及 $T=C_T\Phi_N I_a$ 代入整理即得：

$$n=\frac{U_N}{C_e\Phi_N}-\frac{R_a}{C_eC_T\Phi_N^2}T \tag{1-3}$$

式中　U_N、Φ_N——额定电压、额定磁通

上式等号右边第二项的电磁转矩 T 为零时，转速大小就是 $U_N/(C_e\Phi_N)$，没有电磁转矩而电动机在转动，显然这是不可能的，所以把它称为理想空载转速，用 n_0 表示。电动机实际空载转速 n_0' 是指电机轴端没有带机械负载，只存在空载转矩 T_0 时的转速。对应的功率称为空载功率 P_0，其意义是电动机克服轴承摩擦力及风扇阻力等所需的功率。

如果用 n_0 表示 $U_N/(C_e\Phi_N)$，用 β 表示常数 $R_a/(C_eC_T\Phi_N^2)$，则式(1-3)可写成：

$$n=n_0-\beta T \tag{1-4}$$

式中　$\beta=R_a/(C_eC_T\Phi_N^2)$ 是固有机械特性的斜率。

显然式(1-4)是一个直线方程。机械特性曲线在第一象限，是一条斜率为 β 的下倾直线，如图 1.4.1 直线 1 所示。可见他励（并励）直流电动机的转速随负载增大而有所降低。

由于电动机电枢回路不串电阻($R_P=0$)，所以其斜率 β 值较小，额定转速降 $\Delta n_N=\beta T_N$ 较小，属硬特性。如果电枢回路串入不同的电阻 R_P，则直线斜率 β 增大。

2. 人为机械特性

人为地改变电动机的电枢电压U、励磁磁通Φ或电枢回路电阻R，则可得到三种不同的人为特性。下面分别进行讨论。

(1) 电枢回路串电阻的人为特性：保持电动机电枢电压$U=U_N$，磁通$\Phi=\Phi_N$，只在电枢回路串入电阻R_P时的人为机械特性方程为

$$n=\frac{U_N}{C_e\Phi_N}-\frac{R_a+R_P}{C_eC_T\Phi_N^2}T \tag{1-5}$$

由式(1-5)可看出，改变电枢回路电阻R_P时，理想空载转速n_0不变，而转速降Δn改变。R_P越大，Δn越大，特性越软。因此，改变电枢外接电阻R_P的人为特性是通过理想空载点的一束射线，如图 1.4.1 中的直线 2、直线 3 所示。

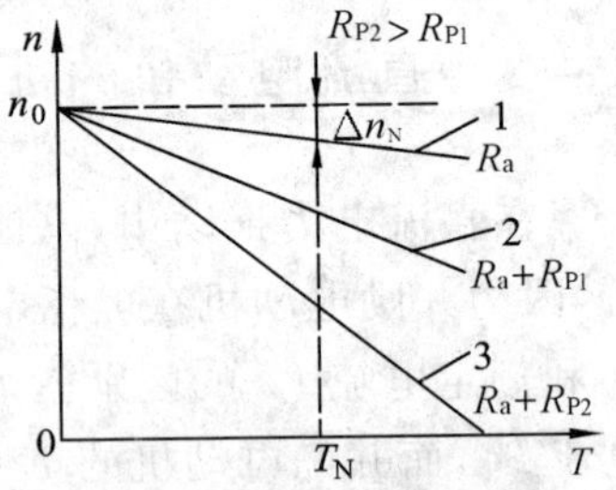

图 1.4.1 固有机械特性与电枢串电阻的人为机械特性

(2) 改变电枢电压的人为特性：电枢不串电阻，$\Phi=\Phi_N$，只改变电枢电压的人为机械特性方程为

$$n=\frac{U}{C_e\Phi_N}-\frac{R_a}{C_eC_T\Phi_N^2}T \tag{1-6}$$

由式(1-6)可知，当改变电枢电压时，理想空载转速n_0与U成正比，而转速降Δn不变。因此，改变电枢电压的人为特性是与固有特性平行的一组直线，如图 1.4.2 所示。

对于已经制造好的电动机，额定电压是定值。受绕组绝缘及换向器片间电压的限制，电动机不能过电压运转，所以只能降低电枢电压U，因此改变电枢电压的人为特性全在固有特性的下方。

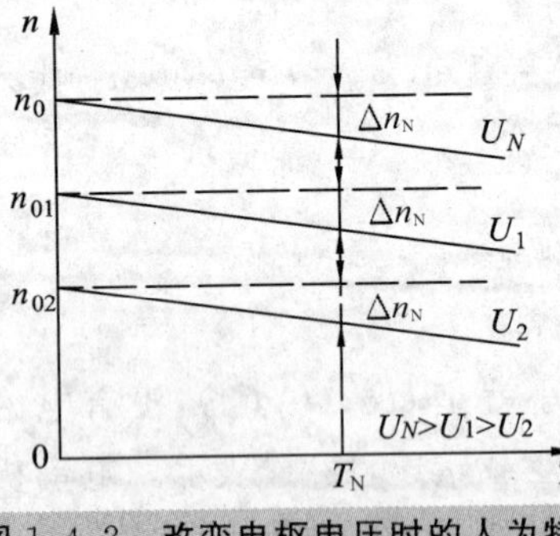

图 1.4.2 改变电枢电压时的人为特性

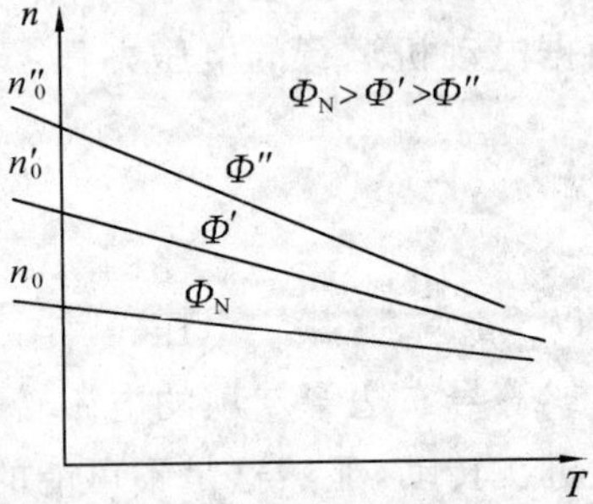

图 1.4.3 减弱电机磁通时的人为特性

(3) 减弱电机磁通时的人为特性：电枢不串电阻，$U=U_N$，只改变励磁磁通的人为特性方程为

$$n=\frac{U_N}{C_e\Phi}-\frac{R_a}{C_eC_T\Phi^2}T \tag{1-7}$$

由式(1-7)可知，减弱磁通Φ时，理想空载转速n_0升高，转速降Δn增大，而且n_0与Φ成反比，Δn与Φ^2成反比，所以机械特性变软，如图 1.4.3 所示。

在设计电动机时，为节省磁性材料，减小电机体积，已使磁路接近饱和，所以只能减弱磁通。因此，改变磁通的人为特性都在固有特性的上方。

电动机的机械特性可用实验方法求得，也可用铭牌数据计算求得。

［例 1-2］　一台直流电动机，$P_N=22\text{kW}$，$U_N=220\text{V}$，$I_N=116\text{A}$，$n_N=1\,500\text{r/min}$，$R_a=0.174\Omega$，试计算并绘制：

（1）固有机械特性；

（2）电枢回路串电阻 $R_P=0.4\Omega$ 时的人为特性；

（3）电源电压降低为 100V 时的人为特性；

（4）减弱磁通使 $\Phi=0.8\Phi_N$ 时的人为特性；

解：（1）固有机械特性

$$C_e\Phi_N=\frac{U_N-I_NR_a}{n_N}=\frac{220-116\times0.174}{1\,500}=0.133$$

$$n_0=\frac{U_N}{C_e\Phi_N}=\frac{220}{0.133}=1\,654\text{r/min}$$

$$T_N=9.55C_e\Phi_NI_N=9.55\times0.133\times116=147.3\text{N}\cdot\text{m}$$

由 $n=n_0=1\,654\text{r/min}$，$T=0$ 和 $n=n_N=1\,500\text{r/min}$，$T=T_N=147.3\text{N}\cdot\text{m}$，在坐标纸上绘出理想空载点和额定工作点，连成直线，如图 1.4.4 中直线 1 所示。

（2）串电阻 $R_P=0.4\Omega$ 时的人为特性

$$n_1=n_0-\frac{R_a+R_P}{C_eC_T\Phi_N{}^2}T_N=1\,654-\frac{0.174+0.4}{9.55\times0.133^2}\times147.3=1\,153\text{r/min}$$

由 $n=n_0=1\,654\text{r/min}$，$T=0$ 和 $n=n_{N1}=1\,153\text{r/min}$，$T=T_N=147.3\text{N}\cdot\text{m}$ 两点在图 1.4.4 上画出直线 2。

（3）降低电源电压的人为特性

$$n_{02}=\frac{U}{C_e\Phi_N}=\frac{100}{0.133}=752\text{r/min}$$

此时 Δn_N 不变，所以对应 $T=T_N$ 的转速

$$n_2=n_{02}-\Delta n_N=752-(1\,654-1\,500)=598\text{r/min}$$

由 $n=n_{02}=752\text{r/min}$，$T=0$ 和 $n=n_{N2}=598\text{r/min}$，$T=T_N=147.3\text{N}\cdot\text{m}$ 两点在图 1.4.4 上画出直线 3。

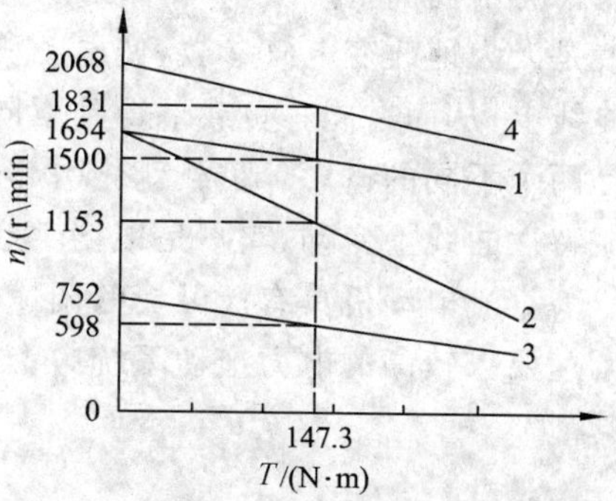

图 1.4.4　例 1-2 固有特性和人为特性计算实例

（4）减弱磁通的人为特性

$$n_{03}=\frac{U}{0.8C_e\Phi_N}=\frac{220}{0.8\times0.133}=2\,068\text{r/min}$$

$$n_3=n_{03}-\frac{R_a}{0.8^2\times9.55\times C_e{}^2\Phi_N^2}T_N$$

$$=2\,068-\frac{0.174}{0.8^2\times9.55\times0.133^2}\times147.3=1\,831\text{r/min}$$

由 $n=n_{03}=2\,068\text{r/min}$，$T=0$ 和 $n=n_{N3}=1\,831\text{r/min}$，$T=T_N=147.3\text{N}\cdot\text{m}$ 两点在图 1.4.4 上画出直线 4。注意减弱磁通时，$T=T_N$ 所对应的电枢电流大于额定电流 I_N。

3. 串励电动机的机械特性

串励电动机的最大特点是励磁绕组与电枢绕组串联，$I_f=I_a=I$。因此机械特性也与他励（并励）电动机有明显的不同。

在磁路不饱和时，$\Phi=k_1I$，$T=C_T\Phi I=k_2I^2$，机械特性表达式可写成

$$n=\frac{U}{C_e k_1 I}-\frac{R_a}{C_e C_T (k_1 I)^2}T=\frac{U\sqrt{k_2}}{C_e k_1\sqrt{T}}-\frac{R_a k_2}{C_e C_T k_1^2}=\frac{A}{\sqrt{T}}-B \tag{1-8}$$

式中 A 和 B 分别是常数，所以串励电动机的机械特性是一条双曲线。

当磁路饱和时，Φ 基本不变，机械特性与他励电动机类似。因此串励电动机的机械特性如图 1.4.5 所示。从机械特性曲线可知，串励电动机具有以下特性：空载转速极高，所以串励电动机不许空载或轻载运行，由于电磁转矩与电流平方成正比，因此起动和过载能力强。

串励电动机接交流电源后，由于磁通 Φ 和电枢电流 I_a 同时改变方向，所以电磁转矩方向不变，因此是一种交直流两用的电动机。

串励电动机广泛应用于电力牵引设备中，如工厂中的电瓶车、公共电车、电力机车等。平时电工常用的手电钻、电锤、家用绞肉机、吸尘器等也是用串励电动机驱动的。

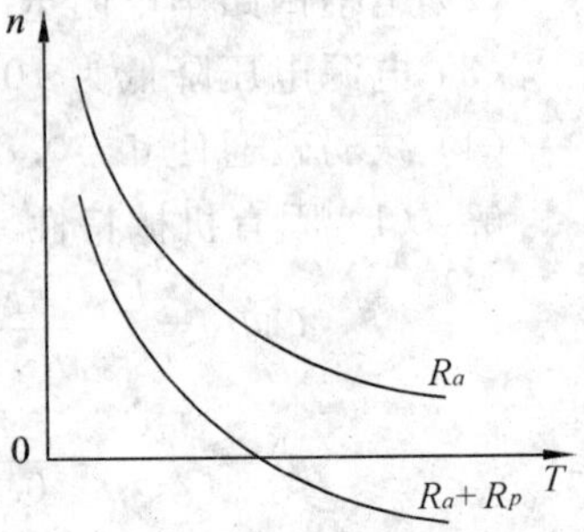

图 1.4.5 串励电动机的机械特性

1.4.2 他励直流电动机的调速

为了提高生产效率和保证产品质量，需要人为地对电动机的转速进行控制。所谓调速就是人为地改变电气参数，使电动机的工作点由一条机械特性曲线转移到另一条机械特性曲线上，从而在同一负载下得到不同的转速。它与电动机在负载变化时而引起的转速变化是两个不同的概念。负载变化引起转速变化是自动进行的，电动机工作点总是在同一条机械特性曲线上变动，它不是根据生产的需要人为地控制电气参数而控制转速的变化。

直流电动机具有极可贵的调速性能，可在宽广范围内平滑而经济地调速，特别是适用于调速要求较高的电力拖动系统中。根据他励直流电动机的一般机械特性方程

$$n=\frac{U}{C_e\Phi}-\frac{R_a+R_P}{C_e C_T\Phi^2}T$$

可见，当负载不变时($T=T_L$)，只要改变电枢电压 U、电枢回路串入的电阻 R_P、每极磁通 Φ 三个量中的任一个，都能改变电动机转速，因此，他励直流电动机可以有三种调速方法。

1. 电枢串电阻调速

他励直流电动机拖动负载运行时，保持电源电压 U 及磁通 Φ 为额定值，改变电枢回路所串的电阻值，电动机就运行于不同的转速，如图 1.4.6 所示，该图中负载是恒转矩负载。设电动机原来工作点在固有特性上的 a 点，此时 $T=T_L$，转速为 n_1 稳定运行。当电枢回路串电阻 R_{P1}，电枢回路总电阻 $R_1=R_a+R_{P1}$，这时转速还未来得及改变，电枢电动势 E_a 也未改变，电动机工作点由 a 点沿水平方向，跃变到电枢回路总电阻为 R_1 的人为机械特性上的 b 点，对应的电枢电流 I_a 减小，电磁转矩减小为 T'。因为 $T'<T_L$，电动机减速，随着 n 下降 E_a 减小，电枢电流和电磁转矩增大，直到 $n=n_2$ 时电磁转矩 $T=T_L$，电动机以较低的转速 n_2 稳定运行，电动机工作点由 b 点过渡到 c 点，调速的过渡过程结束。电枢回路串入电阻值不同，所得到的稳定转速也不同。

无论何种调速方式，一般电动机稳定运行的最大电枢电流为额定值。由于电枢串电阻

调速时磁通不变,电动机的最大允许输出转矩是额定值,所以称为恒转矩调速方式,显然,恒转矩调速方式适用于带恒转矩负载。

电枢串电阻调速的特点是:只能从额定转速往下调;转速越低机械特性越软,负载波动时转速稳定性差;电枢所串电阻流过的电流大,电能损耗大;转速越低、损耗越大,调速的经济性越差;调速范围小,电机空载时几乎无调速作用。但使用设备简单,初次投资小。因此,这种调速方式只适用于调速性能要求不高、电动机容量不大的中小型直流电动机。

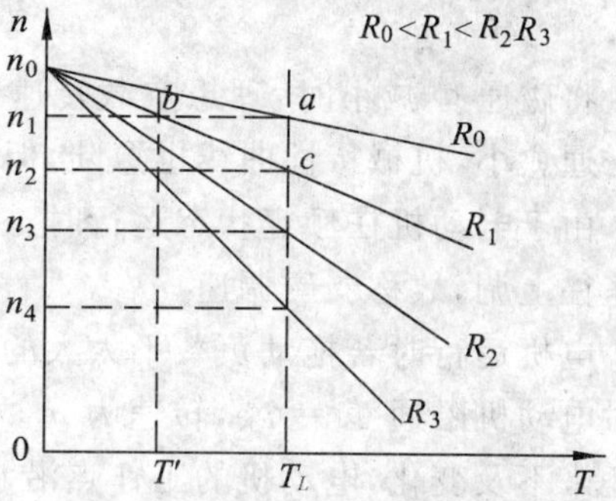

图 1.4.6 电枢串电阻调速

2. 降低电枢电压调速

降低电枢电压调速需要有连续可调的直流电源给电枢供电。由于工作电压不能大于额定电压,因此电枢电压只能从额定电压往下调。如前所述,降低电压的人为机械特性低于且平行于固有机械特性。

他励直流电动机拖动负载运行时,电枢回路不串电阻,保持磁通为额定值(他励电机,保持励磁电压为额定值,并励电机在降低电源电压的同时必须减小励磁回路的电阻,保持励磁电流为额定值),改变电源电压,电动机就运行于不同的转速,如图 1.4.7 所示,若电动机原来稳定运行在固有特性上的 a 点,转速为 n_1。当电源电压由额定值 U_N 降到 U_1,由于机械惯性,转速还来不及变化,电动机工作点由 a 点平移到对应电压为 U_1 的人为特性上的 b 点,由于转速未变,反电动势 E_a 也未变,因此 I_a 减小,电磁转矩减小,转速下降。随着转速的下降,反电动势减小,I_a 和 T 随着 n 的下降而增大,直至 T 等于 T_L 时电机稳定运行于工作点 c,此时的转速 n_2 已比 n_1 低。在负载一定时,电枢电压越低,转速越低。

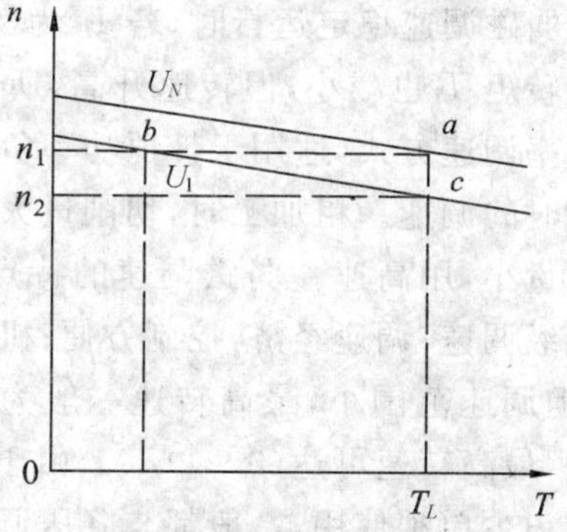

图 1.4.7 降低电枢电压调速

调速时励磁磁通不变,若稳定运行时电枢电流为额定值,则电磁转矩也为额定值。由于调速时电机输出转矩不变,属恒转矩调速方式,故它适用于带恒转矩负载。

降低电枢电压调速的特点是:只能从额定转速往下调;机械特性较硬,由于 Δn_N 不变,机械特性硬度也不变,稳定性好;调速范围大,最高转速与最低转速之比可达 6~10 倍;当电枢电压可连续调节时,转速也连续可调,可实现无级调速;调速过程中耗能少。但需要专用的调压电源,初次投资大。由于降压调速性能好,故常用于调速要求较高的场合和中大容量电机调速。这种调速方式适用于电机带恒转矩负载。

3. 弱磁调速

保持电源电压为额定值,电枢回路不串电阻,调节励磁回路所串电阻 R_F',改变励磁电流 I_f,以改变磁通。由下式可知

$$n=\frac{U_N}{C_e\Phi}-\frac{R_a}{C_eC_T\Phi^2}T$$

将磁通 Φ 减小时，理想空载转速升高了，转速降 Δn 也增大了；但后者与 Φ^2 成反比，所以磁通愈小，机械特性曲线也愈陡，但仍具有一定硬度，如图 1.4.8 所示。

由于电动机在额定状态运行时，磁路已接近饱和，所以通常只能减小磁通（$\Phi<\Phi_N$），将转速往上调，故称弱磁调速。

电机运行时若拖动负载不太大的恒转矩负载，调速前，电动机工作在固有特性的 a 点，这时电动机磁通 $\Phi_1=\Phi_N$，转速为 n_1，相应的电枢电流为 I_{a1}。当磁通由 Φ_1 减小到 Φ_2 时，转速还来不及变化，电动机的工作点沿水平方向转移到对应于 Φ_2 的人为机械特性上的 c 点，这时电枢电动势随磁通的减小而减小。因 R_a 很小，又 $I_a=\frac{U-E_a}{R_a}$，可见，E_a 的减小将引起 I_a 急剧增加。一般情况下，I_a 增加的相对数量比磁通减小的相对数量要大，所以 $T=C_T\Phi I_a$ 在磁通减小的瞬间是增大的，从而使电动机转速升高；转速升高使电枢电动势 E_a 回升，而电磁转矩 T 等于负载转矩 T_L 时，电动机稳定工作于 b 点，新的转速 $n_2>n_1$。

实际上，由于励磁回路电感大，励磁电流不可能突变，磁通也不可能突变，工作点将按曲线 3 由 a 点过渡到 b 点。

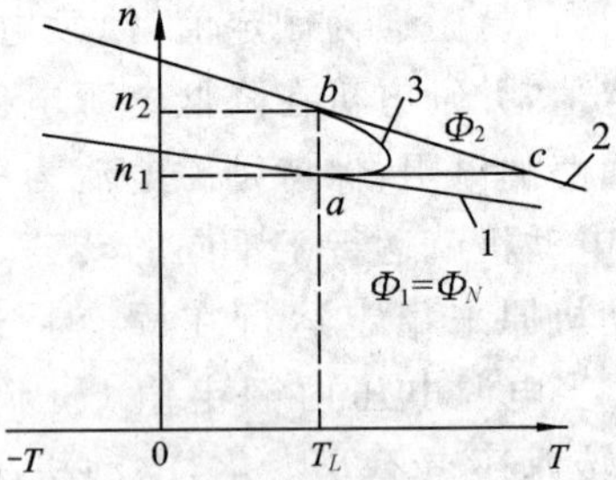

图 1.4.8 弱磁调速

弱磁调速稳定运行时，若 I_a 为额定值，由于 Φ 减小，电磁转矩 T 也减小，但转速升高，所以 $P=T\omega$ 为近似的恒功率调速方式，适用于带恒功率负载，如用于机床切削工件时的调速。粗加工时，切削量大，用低速；精加工时，切削量小，用高速。弱磁调速的特点是：调速平滑，可实现无级调速；调速经济，控制方便；机械特性较硬，稳定性好；但调速范围小，最高转速一般为 $1.2n_N$，特殊设计的电机，最高转速可达 $(3\sim4)n_N$。由于弱磁调速的范围小，所以很少单独使用，一般都与降压调速相配合，以扩大调速范围。即额定转速以下，采用降压调速；额定转速以上，采用弱磁调速。

1.5 直流电动机的起动、反转和制动

1.5.1 他励直流电动机的起动

电动机接入电源后转速从零逐渐上升到稳定转速的过程称为起动过程，简称起动。

他励电动机稳定运行时，其电枢电流

$$I_{aN}=\frac{U_N-E_a}{R_a}$$

因为电枢电阻很小，所以电源电压 U_N 与反电动势 E_a 接近。

在电动机起动的瞬间，$n=0$，所以 $E_a=C_e\Phi_Nn=0$，这时的电枢电流（即直接起动时的电

枢电流)为

$$I_{st}=\frac{U_N}{R_a} \tag{1-9}$$

由于 R_a 很小,直接加额定电压起动,起动电流很大,可达额定电流的 10～20 倍。这样大的起动电流,会使电动机的换向恶化,产生严重的火花。又由于电磁转矩与电流成正比,所以它的起动转矩非常大,产生机械冲击,损坏传动机构。另外,大电流还会使电网的电压波动,将影响到同一电网上其他用电设备的正常运行。

这种直接加额定电压起动的方法称为直接起动。除了个别容量极小的电动机可以采用直接起动以外,一般直流电动机不允许直接起动。

直流电动机起动的基本要求是:有足够的起动转矩,一般为额定转矩的 1.5～2.5 倍,以便快速起动,缩短起动时间;起动电流不能过大,要在一定的范围内,一般规定起动电流不应超过额定电流的 1.5～2.5 倍;起动设备安全、可靠、经济。

除极小容量的直流电动机可直接起动外,由式(1-8)可知,他励直流电动机的起动方法有电枢串电阻起动和降压起动两种。

1. 电枢回路串电阻起动

起动时,电枢回路串接可变电阻 R_{st},R_{st} 称为起动电阻。电动机加额定电压,这时的起动电流

$$I_{st}=\frac{U_N}{R_{st}+R_a} \tag{1-10}$$

$$R_{st}=\frac{U_N}{I_{st}}-R_a \tag{1-11}$$

R_{st} 的数值要使 I_{st} 不大于允许值。

由起动电流产生的起动转矩使电动机开始旋转并加速,随着转速的升高,电枢反电势增大,电枢电流减小,转速上升速度慢下来。为缩短起动时间,保证起动过程中维持电枢电流不变,因此,随着转速的升高应把 R_{st} 平滑地减小,直到稳定运行时全部切除。但是实际上随着转速升高,平滑切除 R_{st} 是难以做到的,一般是把起动电阻分为若干段而逐段加以切除。如图 1.5.1 所示,图中 $R_1=R_a+R_{st1}$,$R_2=R_a+R_{st1}+R_{st2}$。

现在分析一下起动过程。首先电动机加上额定励磁电流,触头 KM 接通,KM1、KM2 断开,电枢回路串电阻 $R_{st1}+R_{st2}$ 起动,起动电流为

$$I_{st}=\frac{U_N}{R_a+R_{st1}+R_{st2}}$$

产生起动转矩 T_{st},$T_{st}>T_L$ 电动机开始旋转,随着转速上升,电磁转矩下降(如图 1.5.1(b)中起动特性 $a\to b$),加速度逐步减小。为了得到较大的加速度,到达 b 点时,触点 KM2 接通,将 R_{st2} 切除,电枢总电阻变为 R_a+R_{st1}。由于机械惯性,切换瞬间电动机的转速不变,电枢反电势也不变,电枢电流增大,电磁转矩增大,如电阻设计合适,可使这时的电流等于 I_{st},电磁转矩等于 T_{st},如图 1.5.1(b)中特性 $b\to c$,电动机又获得较大的加速度,从 c 点加速到 d 点。到达 d 时,触点 KM1 接通,切除 R_{st1},由于机械惯性,运行点由 d 点到固有特性 e 点,电流又一次回升到 I_{st},电磁转矩又到了 T_{st},电动机加速到固有特性 g 点,$T=T_L$,稳定运转时 $n=n_N$。

电枢回路串电阻起动,设备简单、初始投资较小,但在起动过程中能量消耗较多,常用于

中小容量起动不频繁的电动机。

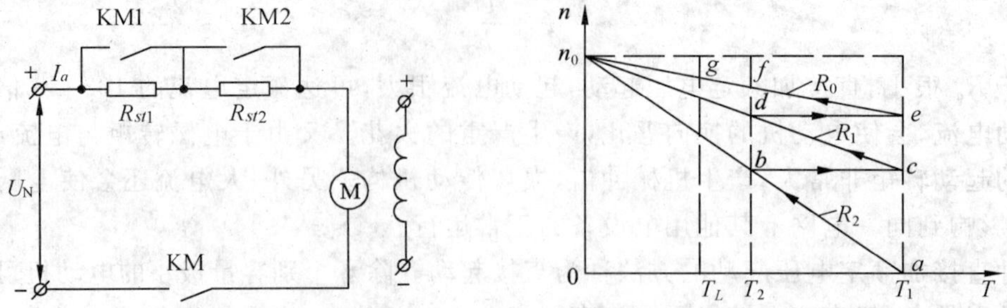

(a) 起动线路　　(b) 机械特性

图 1.5.1　电枢回路串电阻起动

2. 降压起动

降压起动在电动机有可调直流电源时才能采用。起动时，先把电源电压降低，以限制起动电流。由式(1-9)可见，起动电流将与电源电压的降低成正比地减小。电动机起动后，随转速的上升提高电源电压，使之电枢电流维持适合的数值，电磁转矩维持一定数值，电动机按需要的加速度升速，直到额定转速。

降压起动过程的起动电流小，起动时能量消耗小，由于电压连续可调，电动机可以平滑升速。但降压起动需要专用电源，设备投资较大，常用于大容量频繁起动的电机。

必须注意，直流电动机在起动和运行时，励磁电路一定要接通，不能断开。起动时要额定励磁。否则，由于磁路仅有很小的剩磁，可能出现事故。

1.5.2　他励直流电动机的反转

在电力拖动系统中，电机大部分时间运行在电动状态，要改变电动机的转向，就要改变拖动转矩的方向。而在电动状态，电磁转矩是拖动转矩，又因电磁转矩正比于 ΦI_a 的乘积，所以改变电动机转向的方法有：

(1) 在励磁电流方向不变即磁场方向不变时，将电枢电压反接，从而改变电枢电流和电磁转矩的方向，使电机反转。

(2) 在电枢电压的极性不变时，改变励磁电流的方向，即改变了磁场的方向，可使电磁转矩方向改变，实现反转。

1.5.3　他励直流电动机的制动

电动机大都运行于电动状态，但在电力拖动系统中，为了满足生产上的技术要求或者为了安全，往往需要电动机尽快停转或由高速运行迅速变为低速运行，为此，需要对电动机进行制动。

制动的方式很多，最简单的方法是用机械抱闸，靠摩擦力对电机制动，这种方式称为机械制动。本节主要讨论电气制动，即通过使电动机的电磁转矩方向与旋转方向相反进行制动。

电气制动有三种方法：能耗制动、反接制动和回馈制动。三种制动方法的共同点是：在保留原来磁场大小和方向不变的情况下，使电动机电磁转矩方向与旋转方向相反，使电机产生制动转矩。

1. 能耗制动

电动机原先处于电动状态工作(电磁转矩的方向与旋转方向相同),如图 1.5.2(a)所示。

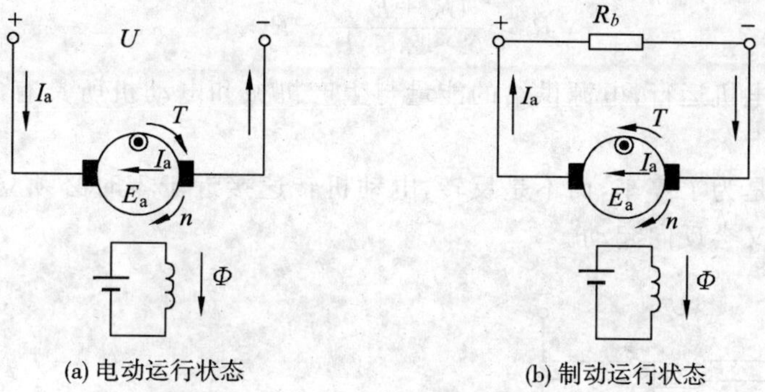

图 1.5.2 直流电动机的能耗制动原理图

制动时,保持励磁电流不变,即励磁磁通不变,把电枢两端从电源立即切换到电阻 R_b 上,此电阻称为制动电阻。由于生产机械和电动机的惯性,电动机将继续按原来的方向旋转。因为磁通方向不变,产生的感应电动势也不变。此时电动机变为发电机运行,电枢电流的方向及其产生的电磁转矩的方向改变了,使电磁转矩的方向与旋转方向相反,如图 1.5.2(b),成为制动转矩。当电动机带反抗性恒转矩负载时,可使电动机迅速停转;当电动机带位能性恒转矩负载时,如要迅速停车,在转速接近零时必须用机械抱闸将电动机转轴抱住,否则电动机将反转,最后进入能耗制动运行。

将 $U=0$,电枢回路串电阻 R_P,代入电动机机械特性方程式得

$$n=\frac{R_a+R_P}{C_eC_T\Phi_N^2}T \tag{1-12}$$

可见,能耗制动时的机械特性是过原点的一条直线,它是与电枢回路串电阻 R_P 的人为特性平行的一条直线。

能耗制动过程的物理意义是电动机由生产机械和自身的惯性作用拖动发电,把生产机械和电动机储存的动能转换为电能,再消耗在电枢回路的电阻 R_a 和 R_P 上,所以称为能耗制动。

制动电阻愈小,制动时电枢电流愈大,产生的制动转矩也愈大,制动作用愈强。为了避免制动转矩和电枢电流过大给传动系统和电动机带来不利影响,通常选择 R_P 使最大制动电流不超过电动机额定电流的 2～2.5 倍。

2. 反接制动

反接制动又分为改变电枢电压极性的电枢反接制动和电枢回路串大电阻的倒拉反接制动两种。下面主要介绍电枢反接制动(如图 1.5.3 所示):当电动机在电动状态下,以转速 n 稳定运行时,维持励磁电流不变,即磁场不变,突然改变外加电枢电压的极性,即电枢电压由正变负,与电枢电动势 E_a 同向,此时电枢电流

$$I_a=\frac{-U_N-E_a}{R_a}=-\frac{U_N+E_a}{R_a} \tag{1-13}$$

与原来方向相反，数值很大，产生一个很大的电磁制动转矩，使电机很快停转。

反接制动时电枢电流很大，会使电源电压波动，并产生强烈的制动作用。因此，在反接制动时电枢电路中应串入电阻 R_b，电阻的大小选择应使反接制动时电枢电流不超过额定电流的 2～2.5 倍。即

$$R_b \geqslant \frac{U_N + E_{aN}}{(2\sim2.5)I_N} - R_a \tag{1-14}$$

制动时电机变为发电机运行，电源供给的能量与生产机械和电动机所具有的动能全部消耗在电枢回路的电阻上。

若制动的目的是为了停车，而不是反转，电动机转速接近于零时必须立即断开电源，否则转速过零后往往又会反向起动。

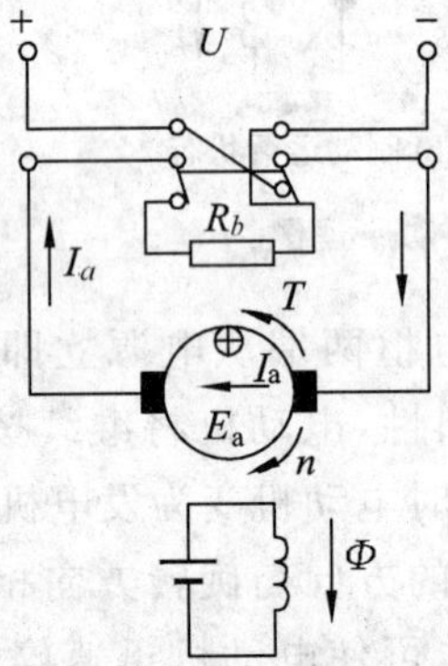

图 1.5.3 直流电动机的反接制动原理图

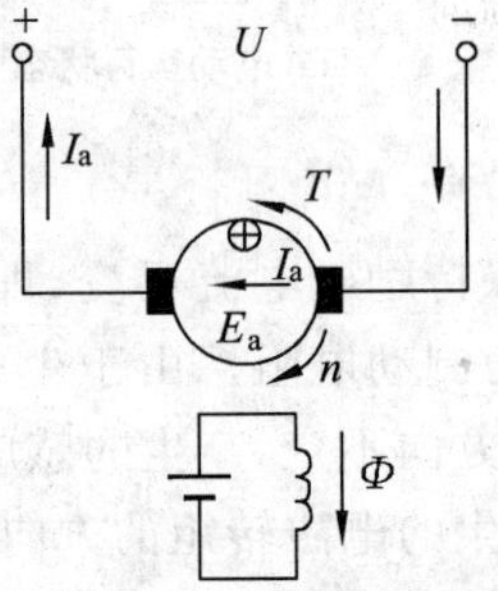

图 1.5.4 直流电动机的回馈制动原理图

3. 回馈制动

回馈制动又称再生发电制动，如图 1.5.4 所示，电动机在运行过程中，由于某种客观原因，使实际转速 n 高于电动机的理想空载转速 n_0，如电车下坡、起重机下放重物等情况，位能转换所得的动能使电动机加速，电机就处于发电状态，并对电机起制动作用。当 $n>n_0$ 时，电机的感应电动势 $E_a>U_N$，电枢电流 $I_a=\frac{U_N-E_a}{R_a}=-\frac{E_a-U_N}{R_a}$。电流的方向与原来相反了，磁场没有变，电磁转矩随电枢电流反向而反向，成为制动转矩。此时电机处于发电状态，把位能转变为电能，并回馈到电网，所以称为回馈制动。回馈制动一般不串电阻，因为若串电阻，电机转速会升得很高，实际运行不允许；而且不串电阻时，没有电阻上的能量损耗，可以使尽可能多的电能回馈电网。

1.6 直流电机的使用、维护和检修

1.6.1 使用

1. 电机的起动准备

电机在安装后投入运行前或长期搁置而重新投入运行前，需做下列起动准备工作：

(1) 用压缩空气吹净附着于电机内部的灰尘，对于新电机应去掉风窗处的包装纸。检查轴承润滑脂是否洁净、适量，润滑脂占轴承室的三分之二为宜。

(2) 用柔软、干燥而无绒毛的布块擦拭换向器表面，并检视其是否光洁，如有油污，则可蘸汽油少许拭净之。

(3) 检查电刷压力是否正常均匀，刷握的固定是否可靠，电刷在刷握内是否太紧或太松，电刷与换向器的接触是否良好。

(4) 检查在刷杆座上是否标有电刷位置的记号。

(5) 用手转动电枢，检查是否阻塞或在转动时是否有撞击或磨擦之声。

(6) 接地装置是否良好。

(7) 用500V兆欧表测量绕组对机壳的绝缘电阻，如小于1MΩ则必须进行干燥处理。

(8) 电机出线与磁场变阻器、起动器等连接是否正确，接触是否良好。

2. 电动机的起动

(1) 检查线路情况(包括电源、控制器、接线及测量仪表的连接等)，检查起动器的弹簧是否灵活，接触是否良好。

(2) 在恒压电源供电时，需用起动器起动。闭合电源开关，在电动机负载下，转动起动器，在每个触点上停留约2s，直至最后一点，转动臂被电磁铁吸住为止。

(3) 电动机在单独的可调电源供电时，先将励磁绕组通电，并将电源电压降低至最小，然后闭合电枢回路接触器，逐渐升高电压，达额定值或所需转速。

(4) 电机与生产机械的联轴器先别连接，输入小于10%的额定电枢电压，确定电机与生产机械转速方向是否一致，一致时表示接线正确。

(5) 电动机换向器端带测速发电机时，电机起动后，应检查测速发电机输出特性，该极性与控制屏极性应一致。

(6) 电机起动完毕后，应观察换向器上有无火花，火花等级是否超标。

3. 电动机的调速

恒功率弱磁向上调速，可调节磁场调速器，直至转速达所需之值，但不得超过技术条件所允许的最高转速。恒转矩负载可以采用降压或电枢串电阻向下调速。

4. 电动机的停机

(1) 如为变速电动机，先将转速降到最低值。

(2) 去掉电动机负载(除串励电动机外)后切断电源开关。

(3) 切断励磁回路，励磁绕组不允许在停车后长期通额定电流。

1.6.2 维护

电动机在使用过程中定期进行检查时应特别注意下列事项：

1. 电动机周围应保持干燥，其内外部均不应放置其他物件

电动机的清洁工作每月不得少于一次，清洁时应以压缩空气吹净内部的灰尘，特别是换向器、线圈连接线和引线部分。

2. 换向器的保养

(1) 换向器应是呈正圆柱形光洁的表面，不应有机械损伤和烧焦的痕迹。

(2) 换向器在负载下经长期无火花运转后，在表面产生一层褐色有光泽的坚硬薄膜，这

是正常现象，它能保护换向器的磨损，这层薄膜必须加以保护，不能用砂布磨擦。

(3) 若换向器表面出现粗糙、烧焦等现象时可用“0”号砂布在旋转着的换向器表面进行细致研磨。若换向器表面出现过于粗糙不平、不圆或有部分凹进现象时应将换向器进行车削，车削速度不大于 1.5m/s，车削深度及每转进刀量均不大于 0.1mm，车削时换向器不应有轴向位移。

(4) 换向器表面磨损很多时，或经车削后，发现云母片有凸出现象，应以铣刀将云母片铣成 1～1.5mm 的凹槽。

(5) 换向器车削或云母片下刻时，须防止铜屑、灰尘侵入电枢内部。因而要将电枢线圈端部及接头片覆盖。加工完毕后用压缩空气作清洁处理。

3. 电刷的使用

(1) 电刷与换向器的工作面应有良好的接触，电刷压力正常。电刷在刷握内应能滑动自如。电刷磨损或损坏时，应以牌号及尺寸与原来相同的电刷更替之，并且用“0”号砂布进行研磨，砂布面向电刷，背面紧贴换向器，研磨时随换向器作来回移动。

(2) 电刷研磨后用压缩空气作清洁处理，再使电动机作空载运转，然后以轻负载（为额定负载的 1/4～1/3）运转 1 小时，使电刷在换向器上得到良好的接触面（每块电刷的接触面积不小于 75%）。

4. 轴承的保养

(1) 轴承在运转时温度太高，或发出有害杂音时，说明可能损坏或有外物侵入，应拆下轴承清洗检查，当发现钢珠或滑圈有裂纹损坏或轴承经清洗后使用情况仍未改变时，必须更换新轴承。轴承工作2 000～2 500小时后应更换新的润滑脂，但每年不得少于一次。

(2) 轴承在运转时须防止灰尘及潮气侵入，并严禁对轴承内圈或外圈的任何冲击。

5. 绝缘电阻

(1) 应当经常检查电动机的绝缘电阻，如果绝缘电阻小于 1MΩ 时，应仔细清除绝缘上的污物和灰尘，并用汽油、甲苯或四氯化碳清除之，待其干燥后再涂绝缘漆。

(2) 必要时可采用热空气干燥法，用通风机将热空气（80℃）送入电动机进行干燥，开始绝缘电阻降低，然后升高，最后趋于稳定。

6. 通风系统

应经常检查定子温升，判断通风系统是否正常，风量是否足够，如果温升超过允许值，应立即停车检查通风系统。

1.6.3 直流电动机的常见故障及处理

故障现象	可能的原因	处理方法
无法起动	(1) 电源电路不通 (2) 起动时负载过大或传动机构卡死 (3) 励磁回路断路 (4) 起动电流太小	(1) 检查接线端子是否正确，电刷接触是否良好，熔断器是否完好，起动设备是否正常 (2) 减轻负载或消除机械故障 (3) 检查励磁绕组和磁场变阻器是否断路 (4) 检查电源电压是否过低，起动电阻是否过大

续表

故障现象	可能的原因	处理方法
电动机转速不正常	(1) 并励绕组接线不良或断路 (2) 串励电动机轻载或空载 (3) 电刷位置不正确 (4) 电枢绕组存在匝间短路	(1) 找出故障点予以排除 (2) 增大负载 (3) 调整电刷位置使之位于几何中线处 (4) 修理或更换电枢绕组
电刷下火花过大	(1) 电刷与换向器接触不良 (2) 电刷磨损过短 (3) 电刷压力不当 (4) 电动机过载 (5) 换向器表面不干净 (6) 换向极绕组接反 (7) 电枢绕组有断路或短路	(1) 研磨电刷与换向器 (2) 更换电刷 (3) 调整弹簧压力 (4) 减轻负载 (5) 清洁换向器 (6) 检查换向极绕组极性后改正接法 (7) 修理电枢绕组
电动机温升过高	(1) 长期过载 (2) 通风不良 (3) 电枢绕组或换向器有短路现象 (4) 定转子相擦 (5) 电压过低或过高 (6) 并励绕组部分短路	(1) 减轻负载 (2) 检查风扇是否正常，风道是否畅通 (3) 检查电枢绕组是否有短路，观察换向器表面是否存在换向片间的短路现象 (4) 检查定子铁心是否松动，轴承是否磨损 (5) 恢复电压额定值 (6) 用电桥找出电阻值低的绕组
电机振动过大	(1) 电枢不平衡 (2) 风叶不平衡 (3) 转轴变形 (4) 联轴器未校正 (5) 地基不平或地脚螺丝松动	(1) 重新校正平衡 (2) 校正风叶平衡 (3) 修理或更换电枢 (4) 重新校正，使两轴在同一直线 (5) 调整紧固螺钉
机壳带电	(1) 电机受潮 (2) 绝缘老化 (3) 引线碰壳	(1) 烘干或重新浸漆处理 (2) 重新浸漆处理 (3) 用绝缘带包扎处理

思考题与习题

1. 试说明直流电机的电刷与换向器的作用。

2. 直流电机按照励磁方式不同可以分成哪几类？

3. 直流电机有哪些主要部件？各部件用什么材料构成？分别起什么作用？

4. 已知一台他励直流电动机 $P_N=40\text{kW}$，$U_N=220\text{V}$，$I_N=270.5\text{A}$，电枢回路总电阻 $R_a=0.067\Omega$，$n_N=1\,500\text{r/min}$，试求：(1) 额定效率；(2) 额定转矩。

5. 他励直流电动机的机械特性指的是什么？

6. 何谓固有机械特性？什么叫人为机械特性？

7. 一台他励直流电动机，$P_N=10\text{kW}$，$U_N=110\text{V}$，$I_N=105\text{A}$，$n_N=1\,500\text{r/min}$，$R_a=0.1\Omega$，试求下列机械特性方程并绘制相应的机械特性曲线：

(1) 固有特性；

(2) 电机回路串入电阻 $R_P=0.4\Omega$ 时的人为机械特性；

(3) $U=50\text{V}$ 时的人为特性；

(4) $\Phi=75\%\Phi_N$ 时的人为特性。

8. 他励直流电动机有哪几种调速方法？各有什么特点？电枢回路串电阻调速和降压调速属于哪种调速方式？

9. 改变磁通调速的机械特性为什么在固有特性上方？改变电枢电压调速的机械特性为什么在固有特性下方？

10. 他励直流电动机为什么不能直接起动？直接起动会引起什么不良后果？

11. 如何判断他励直流电动机是处于电动运行状态还是制动运行状态？有几种制动方法？各有什么特点？

技能训练一 直流电动机起动、反转和调速的操作

一、训练目的

(1) 了解实验室电源状况及具体布置。

(2) 认识电机机组及常用测量仪器、仪表等组件。

(3) 熟悉直流电动机运行前的一般性检查。

(4) 掌握直流电动机的基本接线方法。

(5) 掌握直流电动机的起动、反转及调速方法。

二、仪器设备

直流电动机(0.8kW) 1台,起动器(与电动机配套)1台,变阻器 R_f(1kΩ/0.5A)1个,变阻器 R_P(92Ω/6A)1个,直流电压表(300V)1块,转速表1块。

三、训练内容

1. 了解实验室基本状况

(1) 听取指导老师讲解电机操作的基本要求、规则及安全措施。

(2) 熟悉实验室电源、开关及设备等的容量及布置。

2. 直流电动机运行前的一般性检查

(1) 用手转动电枢,检查是否阻塞或在转动时是否有撞击或磨擦之声。

(2) 用500V兆欧表测量绕组对机壳的绝缘电阻。

3. 直流电动机的接线

根据学校设备,接线可参考技训图1或技训图2。图中 R_f 为励磁变阻器,R_P 为电枢变阻器。接线完成后,同组成员应相互检查,再经指导老师检查无误后,方可进行后续操作。

4. 直流电动机的起动、反转及调速

(1) 直流电动机起动前应将励磁变阻器 R_f 置于阻值最小位置,以限制电动机起动后的转速及获得较大的起动转矩;电枢变阻器 R_P 置于阻值最大位置,以限制电动机的起动电流。

(2) 先接通励磁电流,然后接通电枢电源,缓慢减小电枢变阻器 R_P 的阻值,直至起动变阻器的阻值为零,直流电动机起动完毕;记下直流电动机的转向。

(3) 用转速表正确测量直流电动机的转速。适当调节励磁变阻器 R_f 的大小,观察电动

机的转速变化情况，但应注意电动机的转速不能太高。

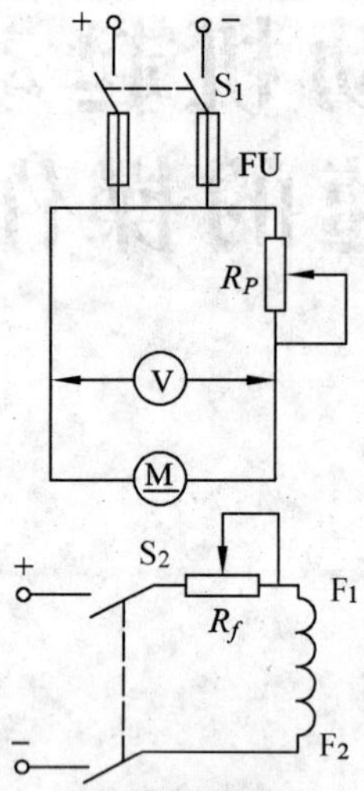

技训图 1

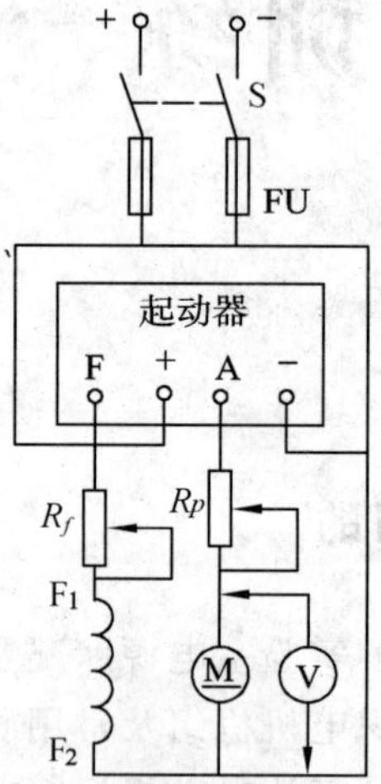

技训图 2

(4) 逐渐增大电枢变阻器 R_P 的阻值，观察电动机的转速变化情况。

(5) 先断开电枢电源，再断开励磁电源，待电动机完全停车后，分别改变直流电动机励磁绕组和电枢绕组的接法，再起动电动机，观察电动机的转向变化。

四、分析与思考

(1) 直流电动机起动时，为什么要在电枢回路接入变阻器？

(2) 直流电动机起动时，励磁回路中的励磁变阻器应调到什么位置？为什么？

(3) 实验中，如果励磁回路断路，可能会产生什么后果？为什么？

第2章　变压器

变压器是一种静止的电气设备，它利用电磁感应原理，将一种电压等级的交流电变为同频率的另一种电压等级的交流电。变压器广泛应用于各种交流电路中，与人们的生产生活密切相关。

2.1　变压器的用途、分类与结构

2.1.1　变压器的作用与用途

变压器的基本作用是在交流电路中变电压、变电流、变阻抗、变相位和电气隔离。

实际工作中，常常需要各种不同的电源电压。例如，我们日常使用的交流电的电压为220V；三相电动机的线电压则为380V；而发电厂发出的电压一般为6～10kV；在电能输送过程中，为了减少线路损耗，通常要将电压升高到110～500kV。所以，在输电和用电的过程中都需要经变压器升高或降低电压。因此变压器是电力系统中的关键设备，其容量远大于发电机。图2.1.1是电力系统的流程示意图，其中G为发电机，T_1为升压变压器，T_2～T_4为降压变压器。

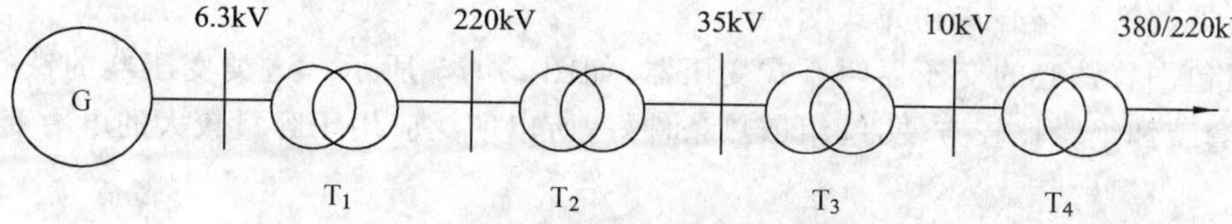

图2.1.1　电力系统示意图

除了电力系统的变压器外，电气技术人员做试验时，要用调压变压器；电解、电镀行业需要变压器来产生低压大电流；焊接金属器件常用交流电焊机；在广播扩音电路中，为了使音箱扬声器得到最大功率，可用变压器实现阻抗匹配；为了测量高电压和大电流要用到电压互感器和电流互感器；有的电器为了使用安全要用变压器进行电气隔离；人们平时常用的小型稳压电源和充电器中也包含着变压器。

2.1.2　变压器的分类

变压器种类繁多，分类方法多种多样。

根据用途不同可分为电力变压器和特种变压器；

根据绕组数目不同可分为自耦变压器、双绕组变压器、三绕组变压器和多绕组变压器；

按照冷却方式和冷却介质不同可分为油浸式变压器、干式变压器和充气式变压器。

2.1.3 变压器的基本结构

变压器最主要的组成部分是铁心和绕组，称之为器身。此外还包括油箱和其他附件，图 2.1.2 所示为三相电力变压器的外形。

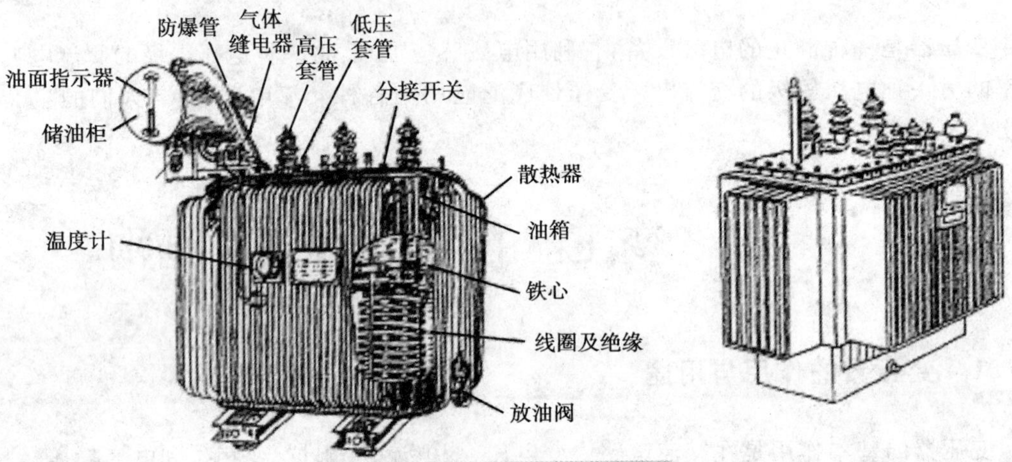

图 2.1.2 三相电力变压器

1. 铁心

铁心是变压器的磁路部分。为了减少铁心内部的损耗（包括涡流损耗和磁滞损耗），铁心一般用 0.35mm 厚的冷轧硅钢片叠成。铁心也是变压器器身的骨架，它由铁心柱、磁轭和夹紧装置组成。套装绕组的部分叫铁心柱。连接铁心柱形成闭合磁路的部分叫磁轭。夹紧装置则把铁心柱和磁轭连成一个整体。

变压器的铁心有心式和壳式两类。

绕组包围着铁心的变压器叫心式变压器，如图 2.1.3 所示。这类变压器的铁心结构简单，绕组套装和绝缘比较方便，绕组散热条件好，所以广泛应用于容量较大的电力变压器中。

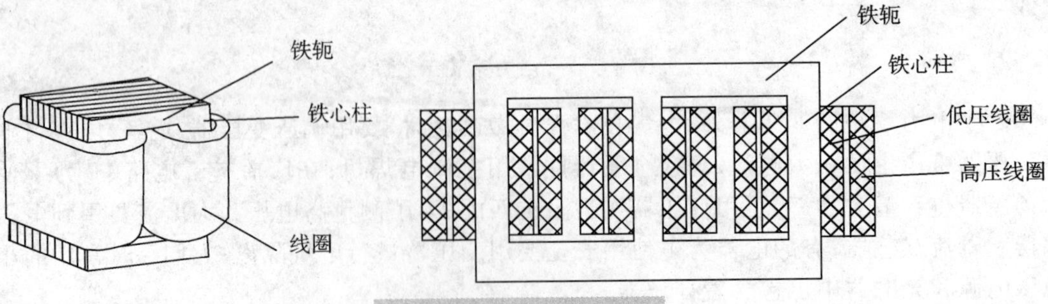

图 2.1.3 心式变压器

铁心包围着绕组的变压器叫壳式变压器，如图 2.1.4 所示。这类变压器的机械强度好，铁心易散热，因此小型电源变压器大多采用壳式结构。

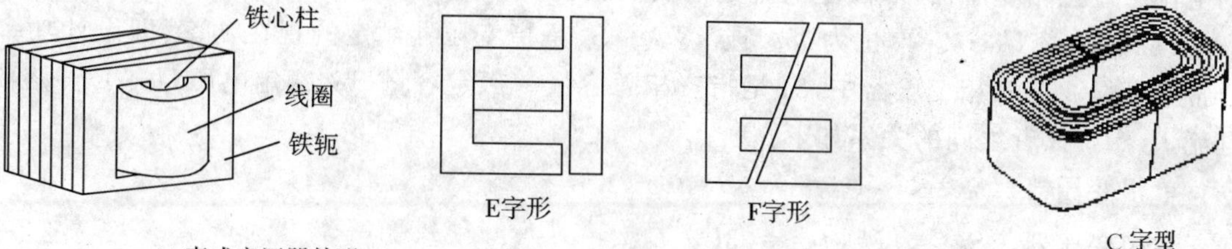

(a) 壳式变压器外形　(b) 壳式变压器铁心

图 2.1.4 单相壳式变压器

2. 绕组

绕组是变压器的电路部分。它由漆包线或绝缘的扁铜线绕制而成，有同心式和交叠式两种。同心式绕组是将高、低压绕组套在同一铁心柱的内外层，如图 2.1.5 所示。交叠式绕组的高、低压绕组是沿轴向交叠放置的，如图 2.1.6 所示。

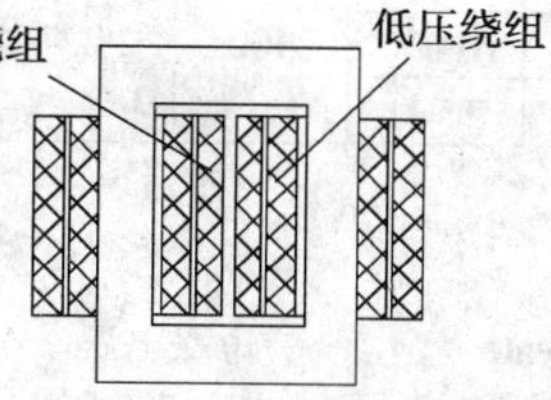

图 2.1.5 同心式绕组

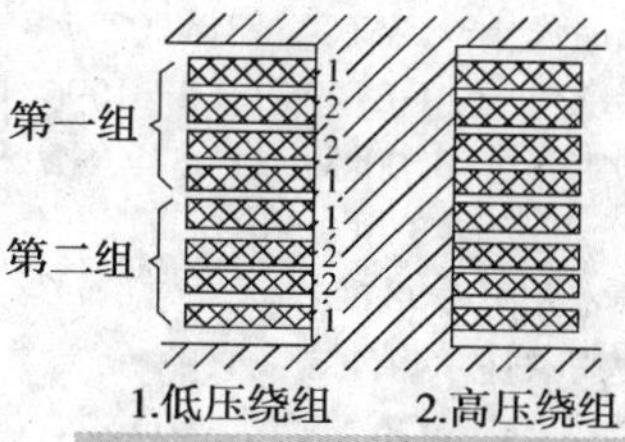

图 2.1.6 交叠式绕组

同心式绕组结构简单，绝缘和散热性能好，所以在电力变压器中得到广泛采用；而交叠式绕组的引线比较方便，机械强度好，易构成多条并联支路，因此常用于大电流变压器中，例如电炉变压器、电焊变压器。

变压器中与电源相连的绕组叫一次绕组、原绕组、原边或初级绕组，与负载相连的绕组叫二次绕组、副绕组、副边或次级绕组。

3. 油箱和其他附件

油箱既是油浸式变压器的外壳，又是变压器油的容器，还是冷却装置。变压器的器身放在油箱内，变压器油的作用是冷却与绝缘。较大容量的变压器一般还有储油柜、安全气道、气体继电器、绝缘套管、分接开关等附件。

2.1.4 变压器的铭牌与额定值

铭牌是装在设备、仪器等外壳上的金属标牌，上面标有名称、型号、功能、规格、出厂日期、制造厂等字样，是用户安全、经济、合理使用变压器的依据。变压器铭牌上的数据主要有以下几种：

(1) 型号。表示变压器的结构特点、额定容量和高压侧的电压等级。例如 S—100/10 表示三相油浸自冷铜绕组变压器，额定容量为 100kVA，高压侧电压等级为 10kV。

(2) 额定电压 U_{1N}/U_{2N}。单位为 V 或 kV。U_{1N}是指变压器正常工作时加在原绕组上的电压；U_{2N}是原绕组加 U_{1N}时，副绕组的开路电压，即 U_{20}。在三相变压器中，额定电压是指线电压。

(3) 额定电流 I_{1N}/I_{2N}。单位为 A。I_{1N}/I_{2N}是指变压器原、副绕组连续运行所允许通过的电流。在三相变压器中，额定电流是指线电流。

(4) 额定容量 S_N。单位为 VA 或 kVA。S_N是指变压器额定的视在功率，即设计功率，通常叫容量。在三相变压器中，S_N是指三相总容量。额定容量 S_N、额定电压 U_{1N}/U_{2N}、额定电流 I_{1N}/I_{2N}三者之间的关系如下：

单相变压器　$S_N = U_{1N}I_{1N} = U_{2N}I_{2N}$　　(2-1)

三相变压器　$S_N = \sqrt{3}U_{1N}I_{1N} = \sqrt{3}U_{2N}I_{2N}$　　(2-2)

除了额定电压、额定电流和额定功率外，变压器铭牌上还标有额定频率 f_N、效率 η、温升 τ、短路电压标么值 $u_K\%$、联接组别、相数 m 等。

表 2.1　变压器的铭牌

型　　号	S9—500/10
产品代号	IFATO、710、022
标准代号	GB1094.1—5—1996
额定容量	500kVA
	3 相　50Hz
额定效率	98.6%
使用条件	户外式
冷却方式	ONAN
油　　重	311 kg

开关位置		电压（V）		电流（A）	
		高压	低压	高压	低压
I	+5%	10 500	400	28.27	721.7
II	额定	10 000			
III	-5%	9 500			

联接组别	Y，yn0	短路电压	4.4%
额定温升	80℃	器 身 重	1 115 kg
总 重 量	1 779 kg	出厂序号	200201061

××变压器厂　　2002 年 1 月

［例 2-1］　有一台单相变压器，额定容量 $S_N = 100\text{kVA}$，额定电压 $U_{1N}/U_{2N} = 10/0.4\text{kV}$，求额定运行时原、副绕组中的电流。

解：

$$I_{1N} = \frac{S_N}{U_{1N}} = \frac{1\,000}{10} = 100\text{A}$$

$$I_{2N} = \frac{S_N}{U_{2N}} = \frac{1\,000}{0.4} = 2\,500\text{A}$$

2.2　变压器的基本工作原理

2.2.1　变压器工作时的物理量

变压器的简单工作原理如图 2.2.1 所示。变压器的输入端加上交流电压 U_1后，原绕组中便有交流电流 I_1流过。这个交变电流 I_1在铁心中产生交变磁通 Φ_m。其频率与电源电压的频率一样。由于原、副绕组套在同一铁心柱上，Φ_m同时穿过两个绕组，根据电磁感应定律，在原绕组中产生自感电动势 E_1，副绕组中产生互感电动势 E_2。其大小分别正比于原、副绕组的匝数。副绕组中有了电动势 E_2，便在输出端形成电压 U_2，接上负载后，产生副边电流 I_2，向负载供电，实现了电能的传递。只要改变原、副绕组的匝数，就可以改变变压器原、副绕组中感应电动势的大小，从而达到改变电压的目的。

变压器工作时，内部存在电压、电流、磁通以及感应电动势等多个物理量。分析计算时，首先要规定它们的正方向。依照电工习惯，同一支路中应选择电压、电动势与电流的参考方向一致；磁通的方向与产生它的电流方向符合右手螺旋定则；感应电动势的方向与产生它的磁通方向符合右手螺旋定则。

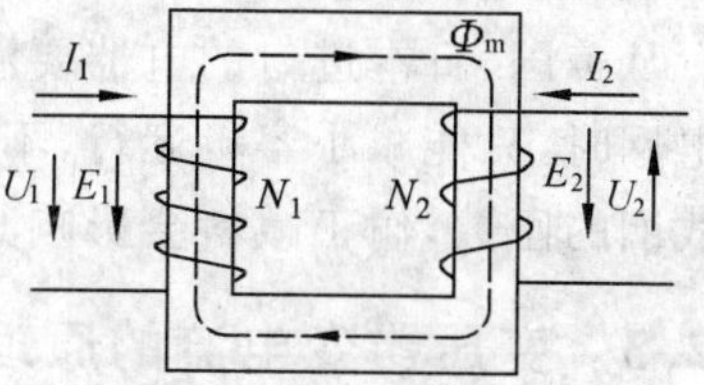

图 2.2.1 变压器工作原理

2.2.2 变压器变电压的原理

实际变压器的工作情况是比较复杂的，为了简单起见，忽略原、副绕组中的电阻、漏磁通和铁心中的功率损耗。

按图 2.2.1 所示参考方向，根据电磁感应定律，主磁通 Φ 在原绕组中的感应电动势为

$$e_1 = -N_1 \frac{d\Phi}{dt}$$

设 $\Phi = \Phi_m \sin\omega t$，代入上式计算得

$$\begin{aligned} e_1 &= -\omega N_1 \Phi_m \cos\omega t \\ &= 2\pi f N_1 \Phi_m \sin(\omega t - 90°) \\ &= E_{1m} \sin(\omega t - 90°) \end{aligned}$$

在上式中，$E_{1m} = 2\pi f N_1 \Phi_m$ 是电动势的最大值，其有效值 E_1 为

$$E_1 = \frac{1}{\sqrt{2}} \times 2\pi f N_1 \Phi_m = 4.44 f N_1 \Phi_m \qquad (2\text{-}3)$$

由于原、副绕组中通过同一磁通，因此副绕组感应电动势为

$$E_2 = 4.44 f N_2 \Phi_m \qquad (2\text{-}4)$$

由此可得原边电动势 E_1 与副边电动势 E_2 之比，即

$$\frac{E_1}{E_2} = \frac{N_1}{N_2} = K \qquad (2\text{-}5)$$

式中 K 称为变压器的变比，也即变压器原、副绕组的匝数比。忽略了原、副绕组中的漏阻抗后，电压与电动势在数值上大致相等，即

$$U_1 \approx E_1 = 4.44 f N_1 \Phi_m$$

所以式(2-5)近似地反映了变压器输入、输出的电压关系

$$\frac{U_1}{U_2} \approx \frac{E_1}{E_2} = \frac{N_1}{N_2} = K \qquad (2\text{-}6)$$

上式表明，变压器原、副边的电压之比约等于匝数之比。当 $K>1$ 时，$U_1 > U_2$，变压器起降压作用；当 $K<1$ 时，$U_1 < U_2$，变压器起升压作用。变压器通过改变原、副绕组的匝数之比，就可以很方便地改变输出电压的大小。

由于 $U_1 \approx E_1 = 4.44 f N_1 \Phi_m$，因此在使用变压器时必须注意：$U_1$ 过高，f 过低，N_1 过少，都会引起 Φ_m 过大，使变压器中用来产生磁通的励磁电流（即空载电流 I_0）大大增加而烧坏变压器。

同理，所有用于交流电路中的带铁心线圈的电器都要注意这个问题，例如交流电动机、

电磁铁、继电器、电抗器等，都必须注意其额定电压与电源电压相符合，千万不要超电压运行。从美国、日本进口的电器要注意工作频率是 60Hz 还是 50Hz，60Hz 的电器用于 50Hz 的电网时，只能减小容量运行，不能满负荷工作。修理电机变压器等电器的绕组时，必须保证线圈的匝数，偷工减料会影响其质量和寿命，甚至在短时间内会被烧坏。

2.2.3 变压器变电流的原理

变压器的原边绕组接到电源上，副边接上负载后，在 E_2 的作用下，副绕组中就会有负载电流流过。由于变压器的效率很高，忽略了各种损耗后，根据能量守恒定律，变压器输入输出的视在功率基本相等。即

$$U_1 I_1 \approx U_2 I_2$$

$$\frac{I_1}{I_2} \approx \frac{U_2}{U_1} \approx \frac{1}{K} = \frac{N_2}{N_1} \tag{2-7}$$

式(2-7)表明，变压器在改变电压的同时，电流也随之成反比例地变化，且原、副边电流之比等于匝数之反比。

2.2.4 变压器变阻抗的原理

变压器不仅能够改变电压和电流，还可以改变阻抗值的大小。其原理电路如图 2.2.2所示，其中 Z_L 为负载阻抗，其端电压为 U_2，流过的电流为 I_2，变压器的变比为 K，则

$$Z_L = \frac{U_2}{I_2}$$

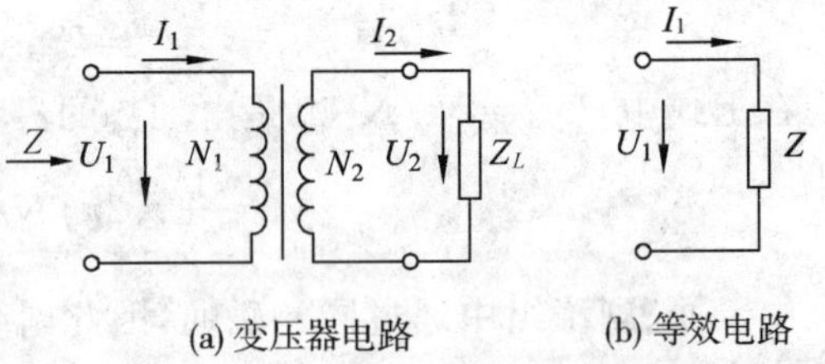

(a) 变压器电路　　(b) 等效电路

图 2.2.2 变压器变阻抗的原理

变压器原边绕组中的电压和电流分别为

$$U_1 = KU_2, I_1 = I_2/K$$

从变压器输入端看，等效的输入阻抗 Z 为

$$Z = \frac{U_1}{I_1} = K^2 \frac{U_2}{I_2} = K^2 Z_L \tag{2-8}$$

式(2-8)表明负载阻抗 Z_L 反映到电源侧的输入等效阻抗 Z，其值扩大了 K^2 倍。因此只需改变变压器的变比 K，就可把负载阻抗变换为所需数值。

变压器改变阻抗的作用在电子技术中经常用到。例如扩音机设备中，如果把喇叭直接接到扩音机上，由于喇叭的阻抗很小，扩音机电源发出的功率大部分消耗在本身的内阻抗上，喇叭获得的功率很小而声音微弱。理论推导和实验测试都可以证明：负载阻抗等于扩音机电源内阻抗时，可在负载上得到最大的输出功率。所以喇叭的阻抗经变压器变换后，使之等于扩音机的内阻抗，就可在喇叭上获得最大的输出功率。因此，在大多数的扩音机设备与喇叭之间都接有一个变阻抗的变压器，通常称之为线间变压器。

如何选择适当的变比呢？若负载阻抗 Z_L 及所要求的阻抗 Z 已知时，则可根据式(2-8)求得变压器的变比。即：

$$K=\sqrt{\frac{Z}{Z_L}} \tag{2-9}$$

［例 2-2］ 某扩音机的输出变压器，原绕组匝数 $N_1=200$ 匝，副绕组匝数 $N_2=80$ 匝，原来配接阻抗 $Z_L=8\Omega$ 的喇叭，现要改用同样功率而阻抗为 $Z_L'=16\Omega$ 的喇叭，则新的副边绕组匝数 N_2'应改为多少才合适？

解：为了达到喇叭的阻抗改变后仍然能获得最大功率的目的，必须要保持变压器的输入等效阻抗 Z 不变，即

$$Z=\left(\frac{N_1}{N_2}\right)^2 Z_L=\left(\frac{N_1}{N_2'}\right)^2 Z_L'$$

代入数据后求得新的副绕组匝数 N_2'

$$N_2'=N_2\sqrt{\frac{Z_L'}{Z_L}}=80\sqrt{\frac{16}{8}}\approx 113 \text{ 匝}$$

2.3 单相变压器的运行特性

变压器对电网来说相当于用电设备，因此希望损耗小、效率高；但对负载来说，它又相当于一个电源，因此要求其供电电压稳定。因此表示变压器运行特性的主要指标有两个：一是效率，二是输出电压的稳定性。

2.3.1 电压变化率和外特性

1. 变压器的电压变化率

由于实际变压器的原、副绕组中总是存在着内阻抗，负载电流通过这些内阻抗必然产生内部电压降，其输出电压会随负载电流的变化而变化。

变压器副边输出电压随负载而变化的程度用电压变化率 $\Delta U\%$来表示。所谓电压变化率，是指原边加额定电压，负载的功率因数一定，空载与额定负载时副边端电压之差($U_{2N}-U_2$)与额定电压 U_{2N}的比值用百分数表示的数据。即

$$\Delta U\%=\frac{U_{2N}-U_2}{U_{2N}}\times 100\%=\frac{\Delta U}{U_{2N}}\times 100\% \tag{2-10}$$

电压变化率 $\Delta U\%$反映了变压器输出电压的稳定性及电能的质量。

在一般的电力变压器中，当 $\cos\varphi_2$ 接近于 1 时，额定负载时的电压变化率约为 2%～3%。因为变压器绕组的阻抗很小，所以由此引起的电压降也很小。但当负载的功率因数下降到 0.8 时，额定负载时的电压变化率大约为 3%～8%。因此提高功率因数可以减少电压变化率，提高变压器输出电压的稳定性。

2. 变压器的外特性

变压器的外特性是指原边电压为额定值 $U_1=U_{1N}$，负载功率因数 $\cos\varphi_2$ 一定时，副边端电压 U_2随负载电流 I_2变化的关系曲线，即 $U_2=f(I_2)$，如图 2.3.1 所示。

从图 2.3.1 中可以看出，变压器的外特性与负载的大小和性质有关。根据变压器电路中电压平衡的关系，在电网电压不变时，变压器内阻抗的压降与输出电压之和也不变。由于

变压器本身是感性器件，随着负载的增大，对于纯电阻负载，因为输出电压与变压器内阻抗压降的相位差较大，所以端电压下降较少；而对于电感性负载，因为输出电压与变压器内阻抗压降的相位差较小，所以端电压下降较多；相反，对于电容性负载，端电压却是上升的。负载的感性或容性程度增加，端电压的变化也增大。

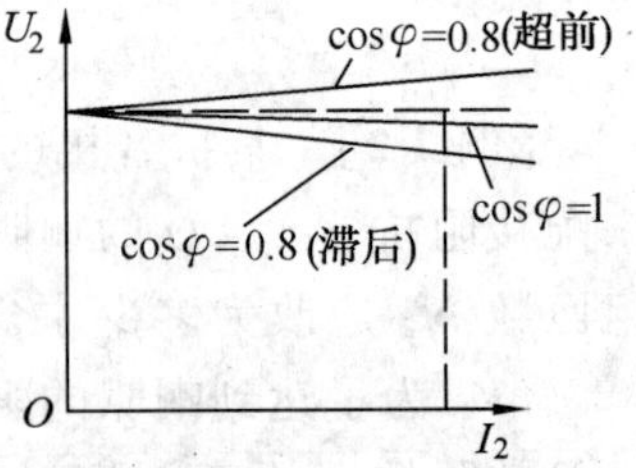

图 2.3.1 变压器的外特性

当负载的功率因数过低，输出电流过大时，若是感性负载，将引起输出电压过低；若是容性负载，将引起输出电压过高。两者都会给负载的运行带来不良影响。

2.3.2 变压器的损耗和效率

1. 变压器的损耗

变压器在传输功率时，存在着两种基本损耗。其一是铜损耗 p_{Cu}，它是原、副边绕组中的电流流过相应的电阻产生的，其值与电流的平方成正比。铜损耗的大小随负载的变化而变化，叫做可变损耗。设变压器的实际工作电流与额定电流之比为负载系数 β，额定的铜损耗为 p_K，则

$$p_{Cu}=\beta^2 p_K \tag{2-11}$$

变压器中的另外一种损耗是铁损耗 p_{Fe}，它是铁心中通过交变磁通引起发热而产生的，其值与铁心中磁通量的最大值有关。当电源电压不变时，变压器铁心中的磁通量最大值基本不变，铁损耗也基本不变，与空载时的损耗 p_0 大致相等，因此，把铁损耗称为不变损耗。

变压器的总损耗为上述两种损耗之和：

$$\sum p = p_{Cu} + p_{Fe} = \beta^2 p_K + p_0 \tag{2-12}$$

2. 变压器的效率

变压器的效率 η 是它的输出有功功率 P_2 与输入有功功率 P_1 的比值，计算公式为：

$$\eta=\frac{P_2}{P_1}\times 100\% \tag{2-13}$$

当负载的功率因数一定时，变压器的效率随负载变化的关系曲线 $\eta=f(I_2)$ 称为变压器的效率特性，如图 2.3.2 所示。

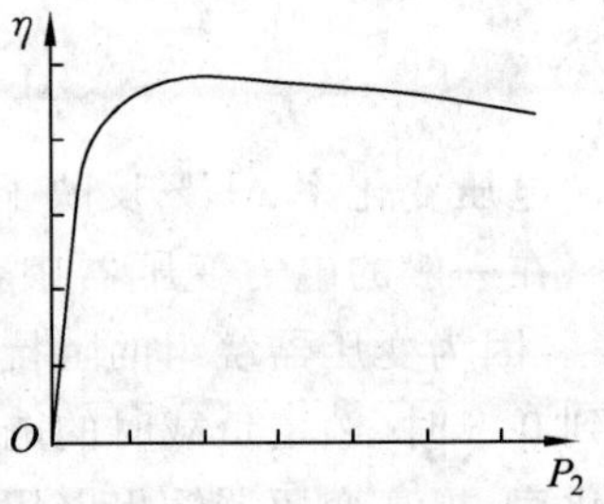

图 2.3.2 变压器的效率特性

从变压器的效率特性曲线可知，当负载从零开始增大时，效率很快升高到最大值 η_m，然后又逐渐下降。

由数学分析可以证明，任何机器的损耗都可以分为两部分：可变损耗和不变损耗。当可变损耗等于不变损耗时，机器的效率最高。设变压器的最高效率为 η_m，对应的负载系数为 β_m，则

$\beta_m^2 p_K = p_0$ 即 $\beta_m=\sqrt{\dfrac{p_0}{p_K}}$ 时

$$\eta=\eta_m=\frac{\beta_m S_N\cos\varphi_2}{\beta_m S_N\cos\varphi_2+2p_0}\times 100\% \qquad (2\text{-}14)$$

电力变压器常年接在线路上，铁损耗固定不变，而铜损耗随负载而变化，相对而言，减小铁损耗比较重要。所以一般使铁损耗 p_{Fe} 等于额定铜损耗的三分之一到四分之一，对应的输出功率为额定容量的一半左右时变压器的效率最高。因此要提高变压器的运行效率，就不应使变压器工作在空载或轻载的状态。当然也不能使变压器工作在过载的状态，因为过载时，铜损耗急剧增加，效率下降，温升增高而烧坏变压器。

2.4 三相变压器

现代的电力系统大都是三相制，因而广泛使用三相变压器。三相变压器可由三台同容量的单相变压器组成，称为三相变压器组。但大部分三相变压器采用三相共有一个铁心的三相心式变压器，简称三相变压器。

2.4.1 三相变压器的磁路系统

三相变压器组的磁路系统与单相变压器完全一样，各相独立；而三相心式变压器的磁路是互相联系的，如图 2.4.1(c)所示，它是由三个独立的磁路演变而来的。如果把三个单相心式变压器的铁心放在一起，如图 2.4.1(a)所示，在对称运行时，三相主磁通是对称的，其相量和等于零，即

$$\dot{\Phi}_U+\dot{\Phi}_V+\dot{\Phi}_W=0 \qquad (2\text{-}15)$$

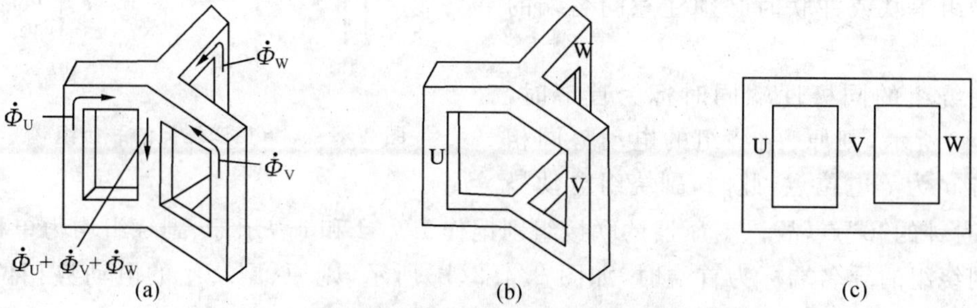

图 2.4.1 三相心式变压器的磁路系统

因此，图 2.4.1(a)中的公共铁心柱中的磁通等于零，可以把它去掉，简化成如图 2.4.1(b)所示的铁心。实际制造时，通常把三相铁心柱布置在同一平面上，如图 2.4.1(c)所示。这样三相磁路之间就有相互联系了，每相磁路都以其他两相的铁心柱作为闭合回路。三相磁路是不完全对称的，中间一相的磁路磁阻比其他两相要小一点，相应的空载电流也小一些，带负载能力大一点。因此三相变压器在实际使用过程中，三相负载分配不均匀时，将较大的这一部分负载接在中间这一相电路中。

2.4.2 三相变压器的电路系统——联接组

三相变压器原、副绕组有多种不同的接法，导致了原、副边对应的电动势之间有不同的相位差。按照原、副绕组对应线电动势的相位关系把变压器绕组的连接种类分成各种不同的组合，称为联接组。它是变压器并联运行必不可少的条件之一，也是变压器改变相位的基本原理。对于三相变压器，无论怎么连接，原、副绕组对应线电动势的相位差总是 30°的整数倍。因此，国际上规定了变压器的联接组采用时钟法表示，即用原边线电动势的相量作为分针，并且始终指向“12”，用副边对应的线电动势相量作为时针，它所指的钟点数就是变压器联接组别的标号。单相变压器的联接组是三相变压器联接组的基础，所以下面先介绍单相变压器的联接组。

1. 单相变压器的联接组

为了正确连接及使用变压器，原、副绕组的出线端分别标记为 U_1、U_2 和 u_1、u_2。在分析单相变压器的联接组时，首先规定原、副绕组电动势 $\dot{E}_U$ 和 $\dot{E}_u$ 的正方向都是从首端指向末端，如图 2.4.2 所示。

单相变压器(或三相变压器中任一相)的原、副绕组套在同一铁心柱上，且被同一磁通 Φ 所交链。因此，任一瞬时，当磁通交变时，原绕组产生的电动势在一个端点为正，副绕组产生的电动势也有一个端点为正，这两个对应的同极性端点称为同名端，用“·”表示，如图 2.4.2 所示。

变压器绕组极性的测定方法见“技能训练二”。两个绕组串联或并联时必须注意同名端的关系。

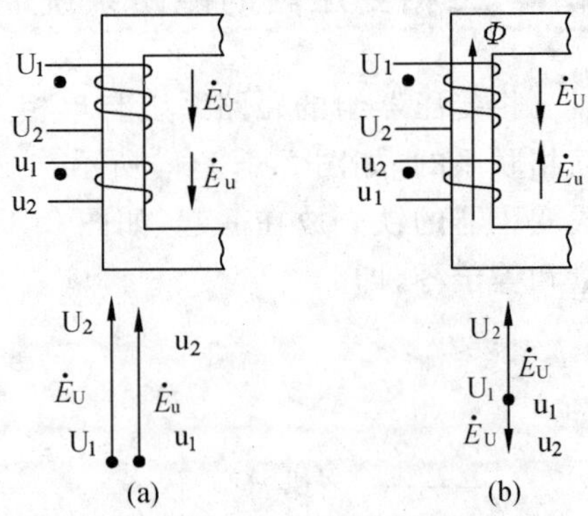

图 2.4.2 单相变压器的联接组

当原、副绕组的同极性端同时标为首端时，如图 2.4.2(a)所示，则原、副绕组的电动势同相位。设 U_1 与 u_1 为等电位点，此时，副绕组电动势的相量指向时钟的“0”点，故该变压器的联接组别记作 Ii0。I 和 i 表示原、副绕组均为单相。

当原、副绕组的异名端标为首端时，如图 2.4.2(b)所示，则原、副绕组的电动势相位相反。即联接组别为 Ii6。

国家标准规定，单相变压器只能采用一个联接组 Ii0。

2. 三相变压器绕组的接法

三相变压器的原、副边绕组均可以接成星形或三角形。国家标准规定，原绕组星形接法用 Y 表示，有中线时用 YN 表示，三角形接法用 D 表示。副绕组星形接法用 y 表示，有中线时用 yn 表示，三角形接法用 d 表示。三相变压器原、副绕组的首端分别用 U_1、V_1、W_1 和 u_1、v_1、w_1 标记，末端分别用 U_2、V_2、W_2 和 u_2、v_2、w_2 标记，星形接法的中点分别用 N、n 标记。

图 2.4.3 给出了三相绕组的不同连接方法以及对应的相量图。(a)为星形接法；(b)和(c)都是三角形接法。国家标准规定，电力变压器中三相绕组的三角形接法只采用(b)所示的逆序连接法。

从图 2.4.3 可知，三相绕组星形连接时，其相电动势的相量图是 Y 形的，而三角形连接时，相电动势的相量图是一个等边三角形。

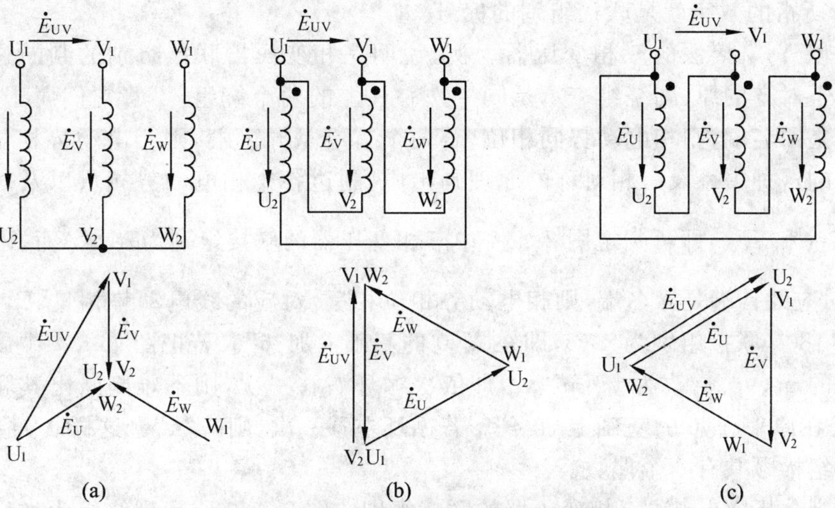

图 2.4.3　三相绕组的接法与相量图

3. 三相变压器的联接组

与单相变压器不同，三相变压器的输出电压不仅与原、副绕组的匝数有关，还与绕组的接法有关。判别三相变压器联接组的方法如下：

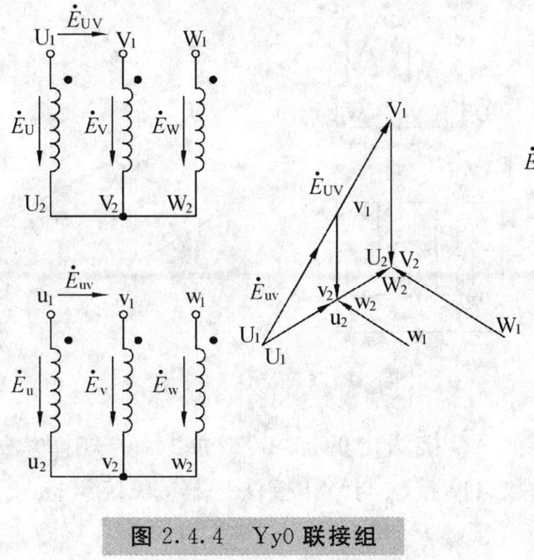

图 2.4.4　Yy0 联接组

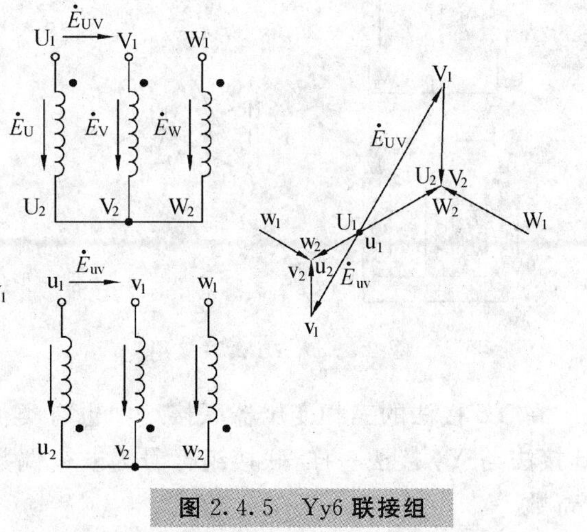

图 2.4.5　Yy6 联接组

(1) 在三相变压器绕组连接图中标出各个相电动势和线电动势的正方向。

(2) 根据原绕组的接法，首先画出原边线电动势的相量图。Y 接法作 Y 形相量图，Δ 接法作 Δ 形相量图，在各端点标上对应的字母符号，并确定原边线电动势 $\dot{E}_{UV}$ 的相量。

令 U_1 和 u_1 是等电位的点，画在同一点上。根据同一铁心柱上原、副绕组的相位关系，先确定副边 u 相的电动势相量，然后按照副绕组的接线方式画出另外两相的电动势相量，再作出副边线电动势 $\dot{E}_{uv}$ 的相量。

(4) 比较原副边线电动势的相位关系，根据时钟表示法，$\dot{E}_{UV}$相量指向时钟“12”的位置，$\dot{E}_{uv}$相量所指的数字就是联接组别的标号。

下面先以 Y，y 接法的三相变压器为例，说明三相变压器联接组别的判断过程。在图2.4.4中，上下对齐的原、副绕组表示是同一铁心柱上的两个绕组，不管它们属于哪一相，只要两个首端是同名端，则相电动势同相位；若两个首端是异名端，则相电动势相位相反。根据相电动势的这种关系及三相对称的原理画出原、副边各个相电动势相量以及对应的线电动势相量 $\dot{E}_{UV}$和 $\dot{E}_{uv}$，即可判定图 2.4.4 中三相变压器的联接组别为 Yy0。而图 2.4.5 中，原、副绕组对应的首端是异名端，则相电动势相位相反，对应的线电动势相量 $\dot{E}_{UV}$和 $\dot{E}_{uv}$的相位也相差 180°，联接组别为 Yy6，即在 Yy0 的基础上加“6”。若把图 2.4.4 中副绕组首端标记由原来的 u_1、v_1、w_1 改为 w_1、u_1、v_1，即依次循环右移一次，则不难判断出其联接组别为 Yy4，也就是在原来 Yy0 的基础上加“4”。若循环左移一次，则减“4”。这样 Yy 接法三相变压器的联接组标号共有 6 个偶数。

接着再来分析 Yd 接法三相变压器的联接组别。图 2.4.6 所示副绕组为逆序三角形接法，按照上述判断步骤，画出相量图，可以确定其联接组标号为 Yd11。若副绕组是顺序三角形接法时，则联接组标号为 Yd1，如图 2.4.7 所示。

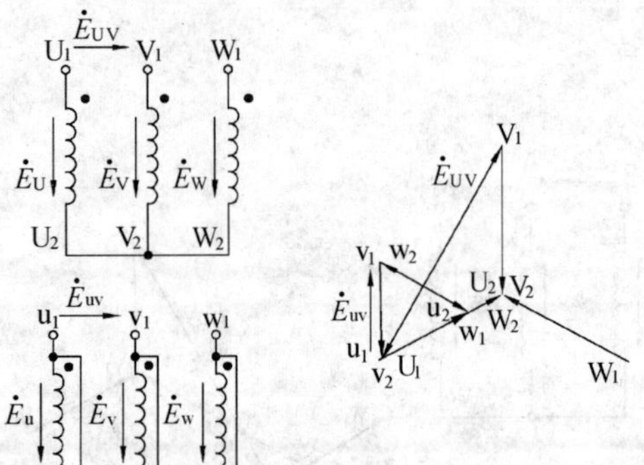

图 2.4.6 Yd11 联接组

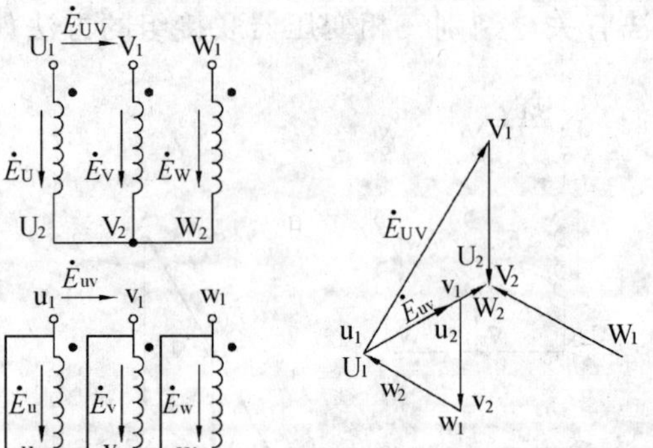

图 2.4.7 Yd1 联接组

在 Yd 接法的三相变压器联接组中也有类似 Yy 接法中的加“6”或加“4”的规律。另外 Dd 接法与 Yy 接法一样，联接组标号为 6 个偶数；Dy 接法与 Yd 接法一样，联接组标号为 6 个奇数。

三相变压器有很多联接组别，为了避免制造和使用时造成混乱，国家标准规定三相电力变压器只能采用以下五种联接组别：Yyn0；Yd11；YNd11；YNy0；Yy0。实际运行经验已经证明，Yy 接法和 Yd 接法几乎可以满足各种需要，仅在少数场合需要 Dy 接法，如晶闸管整流电路中。在上述五种联接组中，Yyn0 联接组是我们经常碰到的，它主要用于容量不大的三相电力变压器，副边电压为 400/230V，以供给动力和照明的混合负载。

2.4.3 变压器的并联运行

现代发电站和变电所中,常采用多台变压器并联运行的方式。变压器的并联运行是指两台或两台以上变压器的原、副绕组分别并联起来,接到原边和副边的公共母线上参加运行。如图 2.4.8 所示。

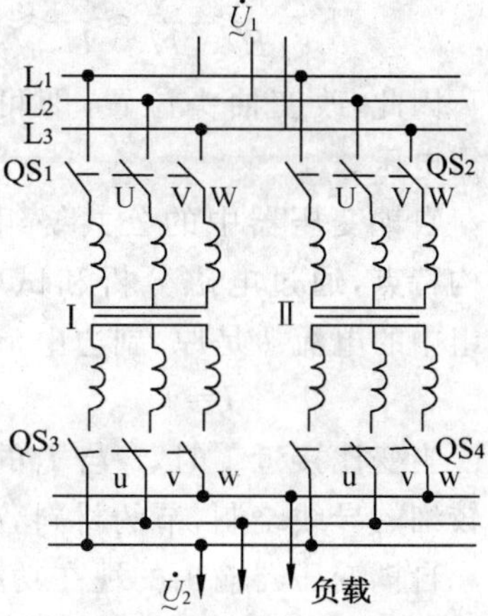

图 2.4.8 变压器并联运行

1. 变压器并联运行的优点

(1) 提高供电的可靠性。如果某台变压器发生故障,可把它从电网切除,进行维修,电网仍能继续供电。

(2) 可根据负载的大小,调整运行变压器的台数,使工作效率提高。

(3) 可以减少变压器的备用量和初次投资,随着用电量的增加,分批安装新的变压器。

2. 变压器理想的并联运行

(1) 空载时,各变压器间无环流。

(2) 负载时,各变压器所分担的负载电流与它们的容量成正比。

(3) 各变压器的负载电流同相位。

3. 变压器理想并联运行的条件

为了实现理想的并联运行,各台变压器必须满足以下条件:

(1) 各变压器原、副边的额定电压相等,即变比相等。

(2) 各变压器的联接组别相同。

(3) 各变压器的短路电压相等。

实际的并联运行中,并不要求变比绝对相等,误差在±0.5%以内是允许的,所形成的环流不大;也不要求短路电压绝对相等,但误差不能超过10%,否则容量分配不合理;只有变压器的联接组别一定要相同。

2.5 特种变压器

在一些特殊的场合对变压器有一些特殊的要求。将普通变压器的结构和性能作一定的改进以适应不同的要求就形成了特种变压器。

2.5.1 自耦变压器

普通变压器的原、副绕组在电路上是相互分开的,而自耦变压器的原、副边共用一个绕组,副边电路是从原边抽头而来。所以自耦变压器的原、副边之间不仅有磁的耦合,电路还互相连通,如图 2.5.1 所示。

和普通变压器一样,自耦变压器原、副边中的电压、电动势与磁通的关系分别为

$$U_1 \approx E_1 = 4.44\, f N_1 \Phi_m$$

$U_2 \approx E_2 = 4.44\ f N_2 \Phi_m$

变比为

$$K=\frac{E_1}{E_2}=\frac{N_1}{N_2}\approx\frac{U_1}{U_2}\approx\frac{I_2}{I_1} \quad (2\text{-}16)$$

因此,改变抽头位置,即可在副边获得所需电压。

自耦变压器中的公共绕组是它独有的结构特点,通过电磁分析和试验可知,公共绕组中的电流 I 是原、副边电流之差:

$$I=I_2-I_1 \quad (2\text{-}17)$$

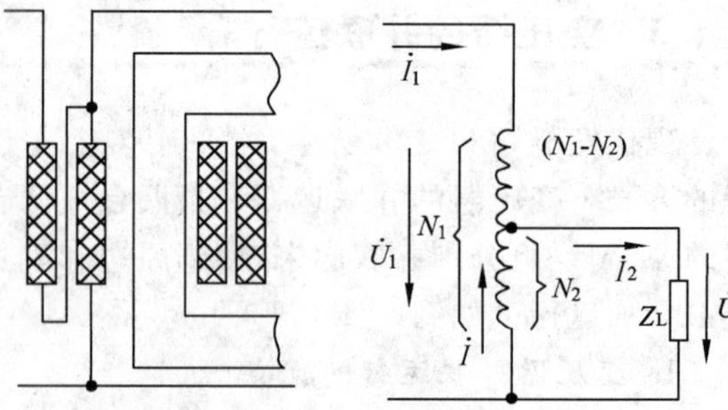

图 2.5.1 自耦变压器原理

当变比接近 1 时,I_2 与 I_1 的数值相差不大,公共绕组中的电流 I 很小。这部分绕组可以用较细的导线绕制,节约材料,减小变压器的体积和重量。

自耦变压器输出的视在功率为:

$$S_2=U_2I_2=U_2(I+I_1)=U_2I+U_2I_1 \quad (2\text{-}18)$$

从上式可知,自耦变压器的输出功率由两部分组成:其中 U_2I 部分由电磁感应传递,称作电磁功率;另一部分 U_2I_1 则由相互连通的电路直接传递,称作传导功率,这是自耦变压器中特有的。因此与同容量的普通变压器相比,自耦变压器的体积较小,可以节省材料,降低损耗,提高效率。理论分析和实践都可以证明:当变比 K 接近 1 时,自耦变压器的优点是显著的;而变比大于 2 时,好处就不明显了。所以实际使用的自耦变压器,其变比一般在 1.2～2的范围内。

自耦变压器的缺点是:由于原、副边电路直接联系,使高压侧的电气故障会波及到低压侧。例如当高压绕组绝缘损坏时,高电压会直接传到低压绕组;当公共绕组断路时,输入与输出电压是相等的。所以低压侧的电气设备也要具备高压侧的绝缘等级。因此规定自耦变压器不能用作安全照明变压器。

自耦变压器不但可以降压,也可用来升压。

自耦变压器主要用于连接两个电压接近的大电网、大容量的交流电动机降压起动,或把抽头做成滑动触头构成自耦调压器。

实验室中广泛使用的单相自耦调压器,输入电压为 220V,输出电压可在 0～250V 之间调节。使用时,要求把原、副边的公共端 U_2 和 u_2 接零线,U_1 和 U_2 接电源,u_1 和 u_2 接负载,如图 2.5.2 所示。如果接成图 2.5.3 所示的形式,副边输出电压为零时,对地电压仍是 220V,操作者不小心碰到 u_1 端也会触电。此外自耦调压器接电源之前,一定要调到零位。

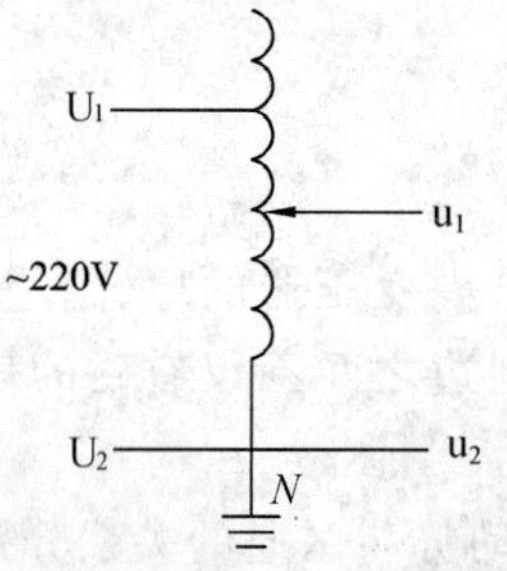

图 2.5.2 自耦变压器的正确接法

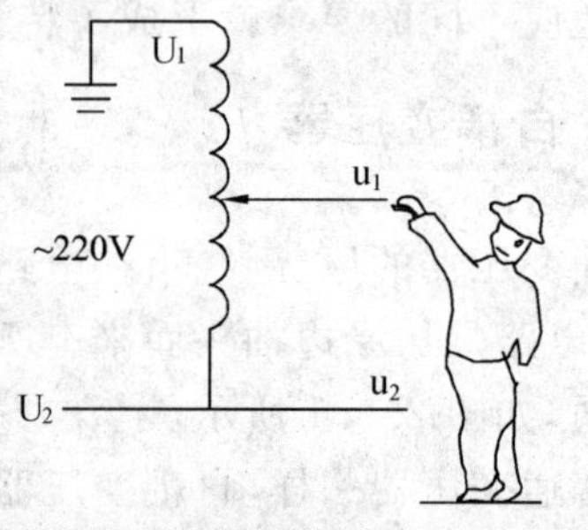

图 2.5.3 自耦变压器的错误接法

2.5.2 仪用互感器

专门用于测量的变压器称为仪用互感器，简称互感器。使用互感器可以使测量仪表与高电压或大电流电路隔离，保证仪表和人身的安全；还可扩大仪表的量程，便于仪表的标准化。因此在交流电压、电流和电能的测量中，以及各种保护和控制电路中，互感器的应用是相当广泛的。根据用途，互感器可以分为电压互感器和电流互感器两种，下面分别介绍它们的工作原理和使用方法。

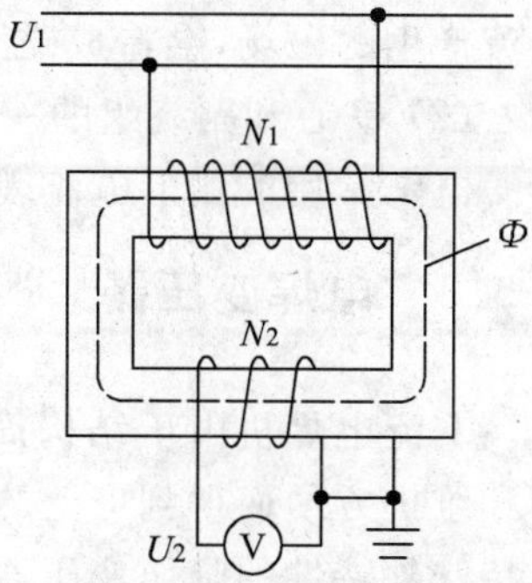

图 2.5.4 电压互感器原理接线图

1. 电压互感器

电压互感器相当于一台小型的降压变压器。图 2.5.4 是其原理接线图，若原绕组匝数为 N_1，副绕组匝数为 N_2，则有：

$$\frac{U_1}{U_2} \approx \frac{N_1}{N_2} = K_u$$

即 $U_1 \approx K_u U_2$ (2-19)

K_u 称为电压互感器的电压变比。

式(2-19)说明，电压互感器利用原、副边不同的匝数比，可将线路上的高电压变为低电压来测量。

一般电压互感器副边的额定电压为 100V，电压变比的范围 $K_u = 1 \sim 5\,000$。这样，一个 100V 的电压表最大的测量范围可到500 000V。

使用电压互感器时，必须注意下列事项：

(1) 副边不许短路，否则会烧坏电压互感器。

(2) 铁心和副边绕组的一端必须可靠接地。

2. 电流互感器

测量高压线路里的电流或测量大电流时，通常采用电流互感器。电流互感器原绕组的匝数很少，只有一匝或几匝，它串联在被测电路中，流过被测电流，如图 2.5.5 所示。由于电流互感器的负载是仪器仪表的电流线圈，这些线圈的阻抗都很小，所以电流互感器相当于一台小型升压短路运行的变压器。将副绕组的匝数 N_2 与原绕组的匝数 N_1 之比称为电流互感器的电流变比 K_i，则有：

$$\frac{I_1}{I_2} \approx \frac{N_2}{N_1} = K_i$$

即 $I_1 \approx K_i I_2$ (2-20)

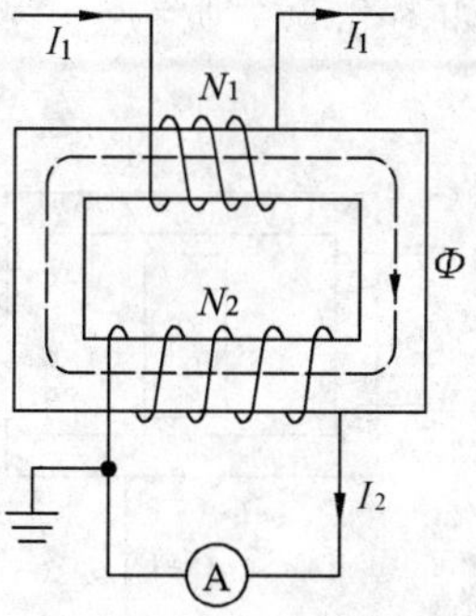

图 2.5.5 电流互感器原理接线图

式(2-20)表明，电流互感器利用原、副边不同的匝数关系，可将线路上的大电流变为小电流来测量。即知道了电流表的读数 I_2，乘以 K_i 就是被测电流 I_1。

一般电流互感器副边的额定电流为 5A，电流变比的范围 $K_i = 1 \sim 5\,000$。这样，一个 5A

的电流表最大的测量范围可到25 000A。

使用电流互感器时，必须注意下列事项：

(1) 副边不许开路。否则副边会产生高压，对操作人员和绕组绝缘构成危险；原边绕组电流产生的磁场，会造成磁路饱和，引起铁心过热。

(2) 铁心和副绕组的一端必须可靠接地。

电工常用的钳形电流表实际上就是电流互感器与电流表的组合。

2.5.3 电焊变压器

交流电焊机由于结构简单、成本低廉、制造容易、使用和维护方便而得到广泛的应用。它实质上就是一台具有特殊外特性的降压变压器，故又称做电焊变压器。

为了保证焊接的质量，对电焊变压器有以下几方面的要求：

(1) 空载时，具有 60～75V 的输出电压 U_{20}，以保证容易起弧。但为了操作者的安全，最高电压一般不得超过 85V。

(2) 负载时，应具有电压迅速下降的外特性，如图 2.5.6所示。在额定负载时的输出电压 U_2 约为 30V 左右。

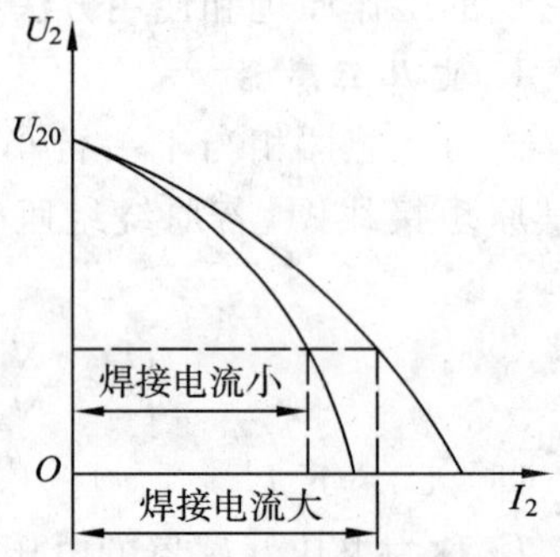

图 2.5.6 电焊变压器外特性

(3) 短路时，其短路电流不应过大。

(4) 为了焊接不同的工件和使用不同的电焊条，要求焊接电流能在一定的范围内可调。

为了满足上述要求，电焊变压器必须具有较大的漏电抗，而且可以调节。因此电焊变压器的结构特点是，铁心的气隙比较大，原、副绕组不是同心地套在一起，而是分装在两个铁心柱上，再用磁分路或串联可变电抗器等方法来调节漏电抗的大小，以获得不同的外特性。常用的电焊变压器按结构不同可分为动铁心磁分路电焊变压器和串联可变电抗器的电焊变压器，如图 2.5.7 所示。

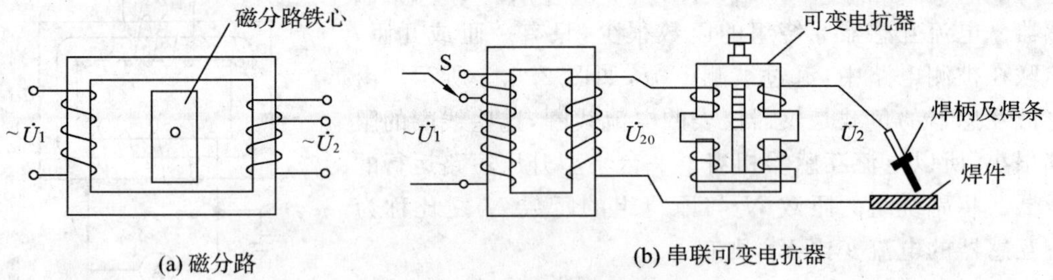

图 2.5.7 电焊变压器结构

思考题与习题

1. 变压器的基本作用是什么？

2. 变压器的器身由哪几部分组成？

3. 一台单相变压器，已知 $S_N=1\,000\text{VA}$，$U_{1N}/U_{2N}=220/110\text{V}$，$N_1=110$ 匝，求变压器原、副边的额定电流 I_{1N} 和 I_{2N}，计算变压器的变比 K 和副绕组的匝数 N_2。

4. 一台三相变压器，$S_N=3\text{kVA}$，$U_{1N}/U_{2N}=380/220\text{V}$，$D,y$ 接法，计算原、副边的额定电流 I_{1N}、I_{2N} 和绕组中的额定电流 I_{1P}、I_{2P}。

5. 一台额定电压为 220/110V 的单相变压器，如果不慎将低压绕组误接到 220V 的电源上，为什么会烧坏？为了节约铜线，是否可以把原副边绕组的匝数分别减少一半？

6. 将一台额定频率为 60Hz 的变压器接到 50Hz 的电源上使用，若电压不变，则铁心中的磁通 φ_m 和空载励磁电流 I_0 会发生什么变化？

7. 一个喇叭的阻抗为 4Ω，现欲用变压器变换为 256Ω，试计算变比 K 的数值。

8. 变压器的额定电压变化率 $\Delta U\%$ 是一个固定值吗？它与负载的性质(电阻、电感、电容)有什么关系？已知变压器的额定电压 $U_{2N}=400\text{V}$，实际输出电压 $U_2=380\text{V}$，试计算电压变化率 $\Delta U\%$。

9. 国家标准规定，电力变压器有哪几种联接组别？

10. 变压器并联运行有什么优缺点？应具备哪些条件？

11. 自耦变压器有什么特点？

12. 使用互感器的优点有哪些？互感器有哪些使用注意事项？

13. 电焊变压器有哪些性能特点？

14. 变压器中的两个绕组串联或并联时，其同名端应如何相连？

技能训练二　单相变压器极性、变比和外特性的测定

一、训练目的

(1) 学习并掌握单相变压器极性和变比的测定法。

(2) 掌握测定单相变压器外特性的方法。

二、仪器设备

三相调压器(3kVA,380/0～420V)1台;单相变压器(100VA,220/110V)1台;交流电压表(300V和150V)各1块;交流电流表(1A)1块;万用表(交流250V)1块;变阻器(1kΩ/1A)1个。

三、训练内容

1. 测定变压器原、副绕组的极性和变比

先标记变压器原、副绕组的首末端(分别为 U_1、U_2 和 u_1、u_2),按照技训图3所示接线,其中 S_1 为电源开关,S_2 为负载开关。经指导教师检查认可后,按下面步骤操作:

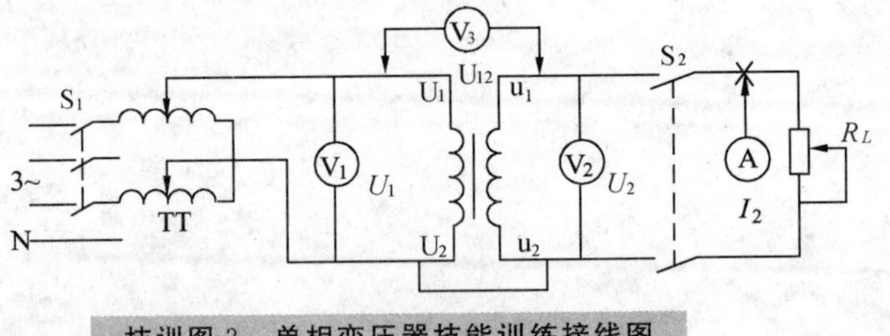

技训图3　单相变压器技能训练接线图

(1) 断开开关 S_1 和 S_2,不接电流表,将调压器的手柄转到输出电压为零的位置。

(2) 合上电源开关 S_1,调节调压器,使其输出电压 U_1 为100V左右,读取电压表 V_2 的数值 U_2,用万用表测取 U_1 与 u_1 两端的电压 U_{12},将测量结果记录于技训表1中。

(3) 经指导教师确认试验结果正确后,断开电源开关 S_1。

(4) 若 $U_{12}=U_1-U_2$,则端点 U_1 与 u_1 为同名端;若 $U_{12}=U_1+U_2$,则端点 U_1 与 u_2 为同名端。

(5) 根据所测原、副边电压计算变压器的变比 K。见技训表1。

技训表1 变压器的极性与变比

测量数据			计算数据
U_1(V)	U_2(V)	U_{12}(V)	K

2. 测定外特性

测试电路同技训图3,其中R_L为电阻性负载,操作步骤如下:

(1) 串入电流表,将变阻器调到阻值最大位置,调压器的手柄转到输出电压为零的位置。

(2) 合上电源开关S_1,调节调压器,使其输出电压为220V,在负载开关S_2断开的情况下读取电压表V_2的数值U_2,记录于技训表2中。

(3) 合上负载开关S_2,调节调压器,务必使其输出电压为220V不变。逐步减小负载电阻R_L的数值,在$I_2 < I_{2N}$的范围内测取U_2和I_2的几组数据,记录于技训表2中。

(4) 断开电源开关S_1。

(5) 根据技训表2的数据,绘制变压器的外特性曲线$U_2 = f(I_2)$。

技训表2 变压器的外特性

U_2(V)					
I_2(A)					

四、分析与思考

(1) 测定变压器原、副绕组极性时,为什么要将端点U_2与u_2相连?这根连线对负载试验有无影响?为什么?

(2) 变压器负载试验时,为什么要严格保持电源电压U_1不变?

第 3 章　异步电动机

3.1　三相异步电动机的特点和用途

现代各种机械都广泛应用电动机来拖动。电动机按电源的种类可分为交流电动机和直流电动机，交流电动机又分为异步电动机和同步电动机两种，其中异步电动机具有结构简单、工作可靠、价格低廉、维护方便、效率较高等优点，它的缺点是功率因数较低，调速性能不如直流电动机。异步电动机是所有电动机中应用最广泛的一种。一般的机床、起重机、传送带、鼓风机、水泵以及各种农副产品的加工等都普遍使用三相异步电动机，各种家用电器、医疗器械和许多小型机械则使用单相异步电动机，而在一些有特殊要求的场合则使用特种异步电动机。

本章主要讨论三相异步电动机，先介绍它的结构、原理和特性，再讲述它的应用知识，最后对单相异步电动机作简要的介绍。

3.2　三相异步电动机的结构和铭牌数据

3.2.1　三相异步电动机的结构

三相异步电动机的结构由两个基本部分组成：一是固定不动的部分，称为定子；二是旋转部分，称为转子。图 3.2.1 为一台三相异步电机的外形和内部结构。

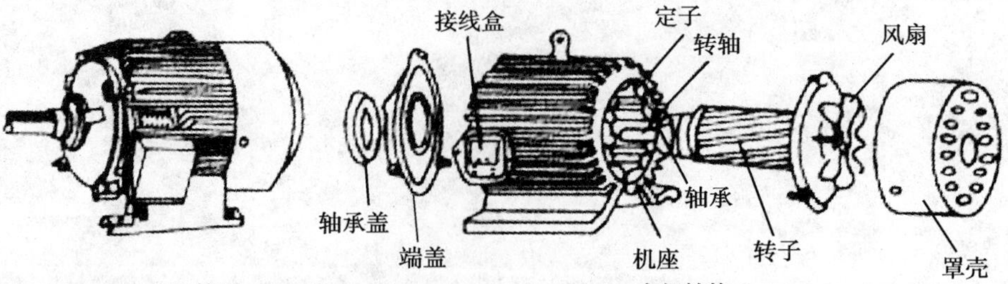

(a) 外形　　(b) 内部结构

图 3.2.1　三相异步电动机的外形和结构

1. 定子

定子由机座、定子铁心、定子绕组和端盖等组成。

机座通常用铸铁制成，机座内装有0.5 mm厚的硅钢片叠成的筒形铁心，铁心内圆周上有许多均匀分布的槽，槽内嵌放三组绕组，绕组与铁心间有良好的绝缘，如图3.2.2所示。

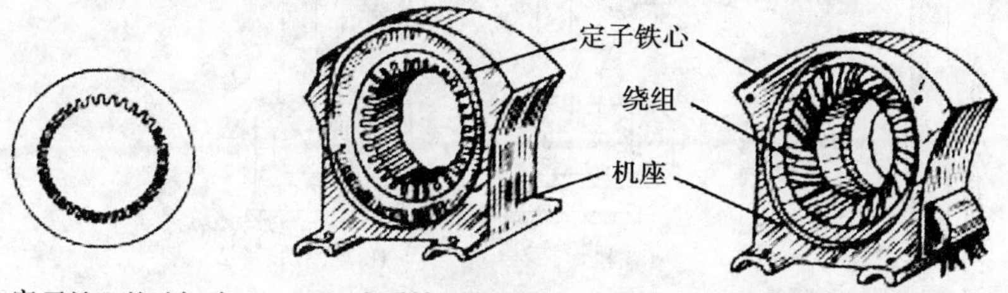

(a) 定子铁心的硅钢片　(b) 定子铁心和机座　(c) 嵌有三相绕组的定子

图3.2.2　三相异步电动机的定子

定子绕组是定子的电路部分，中小型电动机一般采用漆包线绕制，共分三组，分布在定子铁心槽内。它们在定子内圆周空间的排列彼此相隔120°，构成对称的三相绕组，三相绕组共有六个出线端，通常接在置于电动机外壳上的接线盒中。三个绕组的首端接头分别用U_1、V_1、W_1表示，其对应的末端接头分别用U_2、V_2、W_2表示。三相定子绕组可以联结成星形或三角形，如图3.2.3所示。

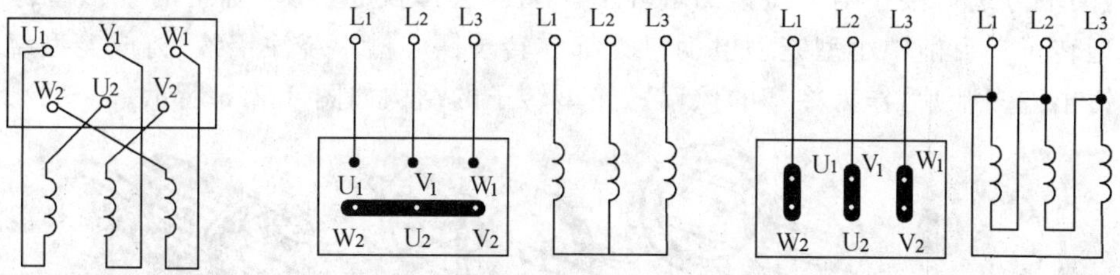

(a) 出线端的排列　(b) 星形连接　(c) 三角形连接

图3.2.3　三相定子绕组的接法

定子三相绕组的连接方式(Y形或△形)的选择，和普通三相负载一样，须视电源的线电压而定。如果电动机所接入之电源的线电压等于电动机的额定相电压(即每相绕组的额定电压)，那么，它的绕组应该接成三角形；如果电源的线电压是电动机额定相电压的$\sqrt{3}$倍，那么，它的绕组就应该接成星形。通常电动机的铭牌上标有符号Y/△和数字380/220，前者表示定子绕组的接法，后者表示对应于不同接法应加的线电压值。

[例3-1]　电源线电压为380V，现有两台电动机，其铭牌数据如下，试选择定子绕组的连接方式：

(1) Y90S-4，功率1.1kW，电压220/380V，连接方法△/Y，电流4.67/2.7A，转速1 400 r/min，功率因数0.79。

(2) Y112M-4，功率4.0kW，电压380/660V，连接方法△/Y，电流8.8/5.1A，转速1 440 r/min，功率因数0.82。

解：Y90S-4电动机应接成星形(Y)，如图3.2.4(a)所示。

Y112M-4电动机应接成三角形(△)，如图3.2.4(b)所示。

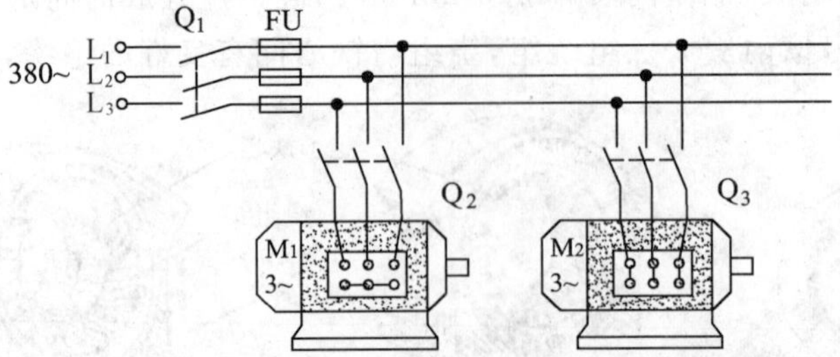

(a) 星形接法 (b) 三角形接法

图 3.2.4 电动机定子绕组的接法

2. 转子

转子由转子铁心、转子绕组、转轴、风扇等组成。

转子铁心为圆柱形,通常由定子铁心冲片剩下的内圆硅钢片叠成,压装在转轴上。转子铁心与定子铁心之间有微小的空气隙,它们共同组成电动机的磁路。转子铁心外圆周上有许多均匀分布的槽,槽内安放转子绕组。

转子绕组有笼型和绕线型两种结构。笼型转子绕组是由嵌在转子铁心槽内的若干铜条组成的,两端分别焊接在两个短接的端环上。如果去掉铁心,转子绕组的外形就像一个笼,故称笼型转子。目前中小型笼型电动机大都在转子铁心槽中绕注铝液,铸成笼型绕组,并在端环上铸出许多叶片,作为冷却的风扇。笼型转子的结构如图 3.2.5 所示。

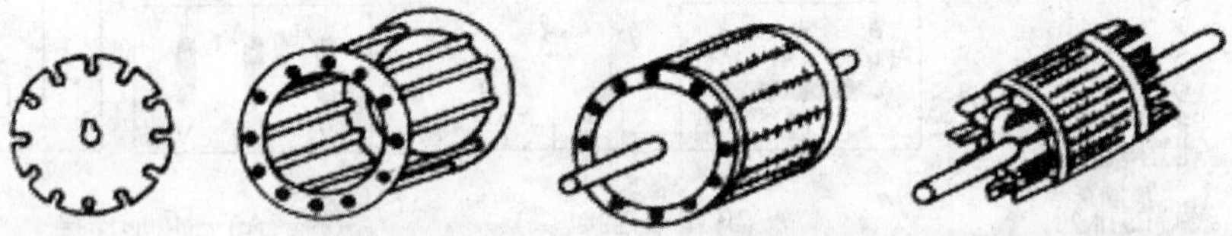

(a) 硅钢片 (b) 笼型绕组 (c) 铜条转子 (d) 铸铝转子

图 3.2.5 笼型转子

绕线型转子的绕组与定子绕组相似,在转子铁心槽内嵌放对称的三相绕组,作星形联结。

三相绕组的三个尾端联结在一起,三个首端分别接到装在转轴上的三个铜制滑环上,通过电刷与外电路的可变电阻器相联结,用于起动或调速,如图 3.2.6 所示。

(a) 转子 (b) 电路

图 3.2.6 绕线型转子

绕线型异步电动机由于其结构复杂,价格较高,一般只用于对起动和调速有较高要求的场合,如立式车床、起重机等。

3.2.2 三相异步电动机的铭牌

三相异步电动机的机座上都有一块铭牌，上面标有电动机的型号、规格和有关技术数据，要正确使用电动机，就必须看懂铭牌。现以 Y180M-4 型电动机为例，来说明铭牌上各个数据的含义，如表 3.1 所示。

表 3.1 异步电动机的铭牌

三相异步电动机					
型　号	Y180M-4	功率	18.5kW	电压	380V
电　流	35.9A	频率	50Hz	转速	1 470r/min
接　法	△	工作方式	连续	外壳防护等级	IP44
产品编号	××××××	重量	180kg	绝缘等级	B级
××电机厂	×年×月				

1. **型号**

型号是电动机类型、规格的代号。国产异步电动机的型号由汉语拼音字母以及国际通用符号和阿拉伯数字组成。如 Y180M-4 中：

Y：三相笼型异步电动机。

180：机座中心高 180mm。

M：机座长度代号(S——短机座，M——中机座，L——长机座)。

4：磁极数(磁极对数 $p=2$)。

2. **接法**

接法是指电动机在额定电压下，三相定子绕组的连接方式，Y 或△。一般功率在 3kW 及以下的电动机为 Y 接法，4kW 及以上的电动机为△接法。

3. **额定频率 f_N(Hz)**

额定频率是指电动机定子绕组所加交流电源的频率，我国工业用交流电源的标准频率为 50Hz。

4. **额定电压 U_N(V)**

额定电压是指电动机在正常运行时加到定子绕组上的线电压。

5. **额定电流 I_N(A)**

额定电流是指电动机在正常运行时，定子绕组线电流的有效值。

6. **额定功率 P_N(kW)和额定效率 η_N**

额定功率也称额定容量，是指在额定电压、额定频率、额定负载运行时，电动机轴上输出的机械功率。

额定效率是指输出机械功率与输入电功率的比值。

额定功率与额定电压、额定电流之间存在以下关系：

$$P_N=\sqrt{3}U_N I_N \cos\varphi \eta_N \qquad (3\text{-}1)$$

7. **额定转速 n_N(r/min)**

额定转速是指在额定频率、额定电压和额定输出功率时，电动机每分钟的转数。

8. 温升和绝缘等级

电动机运行时，其温度高出环境温度的容许值叫容许温升。环境温度为40℃，温升为65℃的电动机最高允许温度为105℃。

绝缘等级是指电动机定子绕组所用绝缘材料允许的最高温度等级，有A、E、B、F、H、C六级。目前一般电动机采用较多的是E级和B级。

容许温升的高低与电动机所采用的绝缘材料的绝缘等级有关。常用绝缘材料的绝缘等级和最高容许温度如表3.2所示。

表3.2 绝缘等级及其最高容许温度

绝缘等级	A	E	B	F	H	C
最高容许温度(℃)	105	120	130	155	180	>180

9. 功率因数 $\cos\varphi$

三相异步电动机的功率因数较低，在额定运行时约为0.7～0.9，空载时只有0.2～0.3，因此，必须正确选择电动机的容量，防止“大马拉小车”，并力求缩短空载运行时间。

10. 工作方式

异步电动机常用的工作方式有三种：

(1) 连续工作方式。可按铭牌上规定的额定功率长期连续使用，而温升不会超过容许值，可用代号S1表示。

(2) 短时工作方式。每次只允许在规定时间以内按额定功率运行，如果运行时间超过规定时间，则会使电动机过热而损坏，可用代号S2表示。

(3) 断续工作方式。电动机以间歇方式运行。如起重机械的拖动多为此种方式，用代号S3表示。

[例3-2] 一台三相异步电动机 $P_N=10\text{kW}$，$U_N=380\text{V}$，$\cos\varphi=0.86$，$\eta=0.88$，试计算电动机的额定电流 I_N。

解：$$I_N=\frac{P_N}{\sqrt{3}U_N\cos\varphi\eta}=\frac{10\times10^3}{\sqrt{3}\times380\times0.86\times0.88}=20.1\text{A}$$

3.3 三相异步电动机的工作原理

3.3.1 三相异步电动机的工作原理

三相异步电动机的工作原理，是基于定子旋转磁场(定子绕组内三相电流所产生的合成磁场)和转子电流(转子绕组内的电流)的相互作用。

如图3.3.1(a)所示，当定子的三相对称绕组接到三相电源上时，绕组内将通过三相对称电流，并在空间产生旋转磁场，该磁场沿定子内圆周方向旋转。图3.3.1(b)所示为具有一对磁极的旋转磁场，我们设想磁极位于定子铁心内画有阴影线的部分。

当磁场旋转时，转子绕组的导体切割磁通将产生感应电动势 e_2，假设磁场向顺时针方向旋转，则相当于转子导体逆时针方向切割磁通，根据右手定则，在N极下转子导体中感应电动势的方向系由图面指向读者，而在S极下转子导体中感应电动势的方向则由读者指向图面。

由于电动势e_2的存在，转子绕组中将产生转子电流i_2。根据左手定则，转子电流与旋转磁场相互作用将产生电磁力F(假设i_2和e_2同相)，该力在转子的轴上形成电磁转矩，且转矩的方向与旋转磁场的方向相同，转子受此转矩作用，便按旋转磁场的方向旋转起来。但是，转子的转速n比旋转磁场的转速n_1(称为同步转速)要小，如果两者相等，转子与旋转磁场之间就没有相对运动，转子导体不切割磁通，便不能感应电动势e_2和产生电流i_2，也就没有电磁转矩，转子将不会继续旋转。因此，转子与旋转磁场之间的转速差是保证转子旋转的主要因素。由于转子转速不等于同步转速，所以把这种电动机称为异步电动机，而把转速差(n_1-n)与同步转速n_1的比值称为异步电动机的转差率，用s表示，即

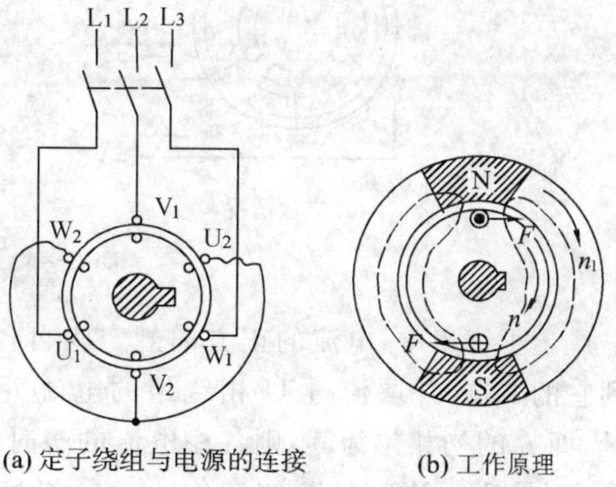

(a) 定子绕组与电源的连接　(b) 工作原理

图 3.3.1　三相异步电动机

$$s=\frac{n_1-n}{n_1} \tag{3-2}$$

转差率s是分析异步电动机运行情况的重要参数。

当转子旋转时，如果在轴上带有机械负载，则电动机输出机械能。从物理本质上来分析，异步电动机的运行与变压器相似，即电能从电源输入定子绕组(原绕组)，通过电磁感应的形式，以旋转磁场作媒介，传送到转子绕组(副绕组)，而转子中的电能通过电磁力的作用变换成机械能输出。由于在这种电动机中，转子电流的产生和电能的传递是基于电磁感应现象，所以异步电动机又称为感应电动机。通常异步电动机在额定负载时，n_N接近于n_1，转差率s很小，约为0.015～0.060。

转子导体中的电流i_2也是交流电，其大小和频率都与转差率s成正比。额定运行时，转子电流的频率很低，$f_2=1\sim3\text{Hz}$。

3.3.2　三相异步电动机的旋转磁场

由上可知，要使异步电动机转动起来，必须要有一个旋转磁场。异步电动机的旋转磁场是怎样产生的呢？它的转向和转速是怎样确定的呢？现在分别加以说明。

1. *旋转磁场的产生*

当电动机定子绕组通以三相交流电时，各相绕组中的电流都将产生自己的磁场。由于电流随时间变化，它们产生的磁场也将随时间变化，而三相电流产生的总磁场(合成磁场)是在空间旋转的，故称旋转磁场。

为了简便起见，假设每相绕组只有一个线圈，分别嵌放在定子内圆周的6个凹槽之中，如图3.3.2所示，图中U_1，V_1，W_1和U_2，V_2，W_2分别代表各相绕组的首端与末端。

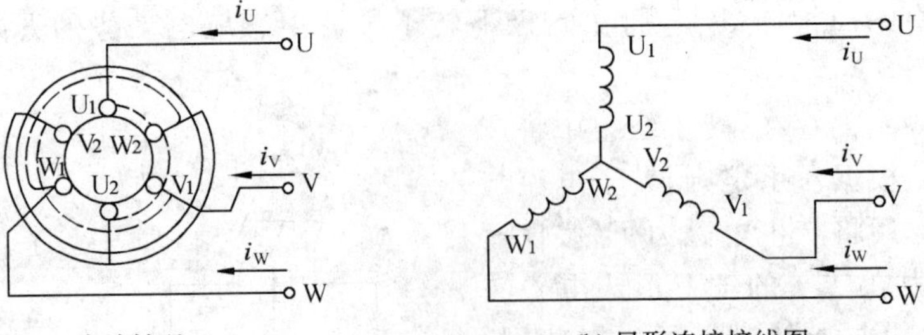

(a) 嵌放情况　　(b) 星形连接接线图

图 3.3.2　定子三相绕组

定子绕组中，电流的正方向规定为自各相绕组的首端到它的末端，并取流过 U 相绕组的电流 i_U 作为参考正弦量，即 i_U 的初相位为零，则各相电流的瞬时值可表示为（相序为 U—V—W）：

$i_U = I_m \sin\omega t$

$i_V = I_m \sin(\omega t - 120°)$

$i_W = I_m \sin(\omega t - 240°)$

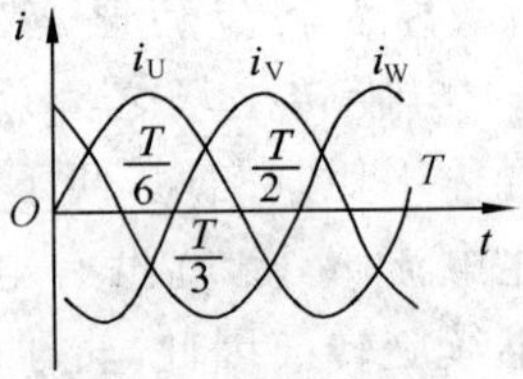

图 3.3.3　三相电流的波形图

下面分析不同时间的合成磁场。

在 $t=0$ 时，$i_U=0$；i_V 为负，电流实际方向与正方向相反，即电流从 V_2 端流到 V_1 端；i_W 为正，电流实际方向与正方向一致，即电流从 W_1 端流到 W_2 端。

按右手螺旋法则确定三相电流产生的合成磁场，如图 3.3.4(a)箭头所示。

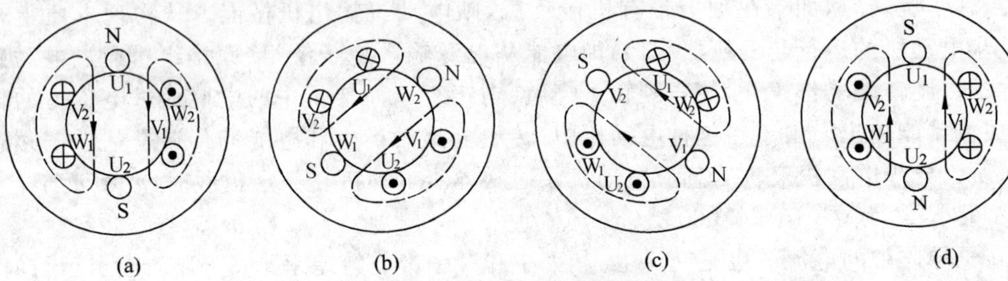

(a)　(b)　(c)　(d)

图 3.3.4　两极旋转磁场

在 $t=T/6$ 时，$\omega t=60°$，i_U 为正（电流从 U_1 端流到 U_2 端）；i_V 为负（电流从 V_2 端流到 V_1 端）；$i_W=0$。此时的合成磁场如图 3.3.4(b)所示，合成磁场已从 $t=0$ 瞬间所在位置顺时针方向旋转了 $\pi/3$ 角度。

在 $t=T/3$ 时，$\omega t=120°$，i_U 为正；$i_V=0$；i_W 为负。此时的合成磁场如图 3.3.4(c)所示，合成磁场已从 $t=0$ 瞬间所在位置顺时针方向旋转了 120°。

在 $t=T/2$ 时，$\omega t=180°$；$i_U=0$，i_V 为正；i_W 为负。此时的合成磁场如图 3.3.4(d)所示。合成磁场从 $t=0$ 瞬间所在位置顺时针方向旋转了 180°。

按以上分析可以证明：当三相电流随时间不断变化时，合成磁场在空间也不断旋转，这样就产生了旋转磁场。

2. 旋转磁场的转向

从图 3.3.2 和图 3.3.3 可见，U 相绕组内的电流，超前于 V 相绕组内的电流 120°，而 V 相绕组内的电流又超前于 W 相绕组内的电流 120°，同时图 3.3.4 中所示旋转磁场的转向也是 U—V—W，即向顺时针方向旋转。所以，旋转磁场的转向与三相电流的相序一致。

如果将定子绕组接至电源的三根导线中的任意两根线对调，例如，将 V、W 两根线对调，如图 3.3.5 所示，使 V 相与 W 相绕组中电流的相位对调，此时 U 相绕组内的电流超前于 W 相绕组内的电流 120°，因此，旋转磁场的转向也将变为 U—W—V，向逆时针方向旋转，即与对调前的转向相反。

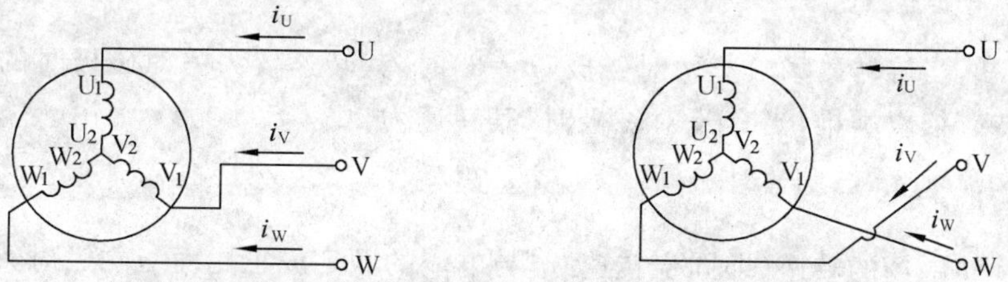

图 3.3.5 将 V、W 两根线对调改变绕组中的电流相序

由此可见，要改变旋转磁场的转向（亦即改变电动机的旋转方向）时，只要把定子绕组接到电源的三根导线中的任意两根对调即可。

3. 旋转磁场的极数与转速

以上讨论的旋转磁场，只有一对磁极，即 $p=1$（磁极对数用 p 表示）。从上述分析可以看出，电流变化一个周期（变化 360°电角度），旋转磁场在空间也旋转了一圈（转了 360°机械角度），若电流的频率为 f_1，旋转磁场每分钟将旋转 $60f_1$ 圈，以 n_1 表之，即

$$n_1=60f_1$$

如果把定子铁心的槽数增加 1 倍（变为 12 个槽），制成如图 3.3.6 所示的三相绕组，其中，每相绕组由两个部分串联组成，再将这三相绕组接到对称三相电源，使通过对称三相电流（图 3.3.3），便产生具有两对磁极的旋转磁场。从图 3.3.7 可以看出，对应于不同时刻，旋转磁场在空间转到不同位置，此情况下电流变化半个周期（180°电角度），旋转磁场在空间只转过了 90°机械角度，即 1/4 圈。电流变化一个周期，旋转磁场在空间只转了 1/2 圈。

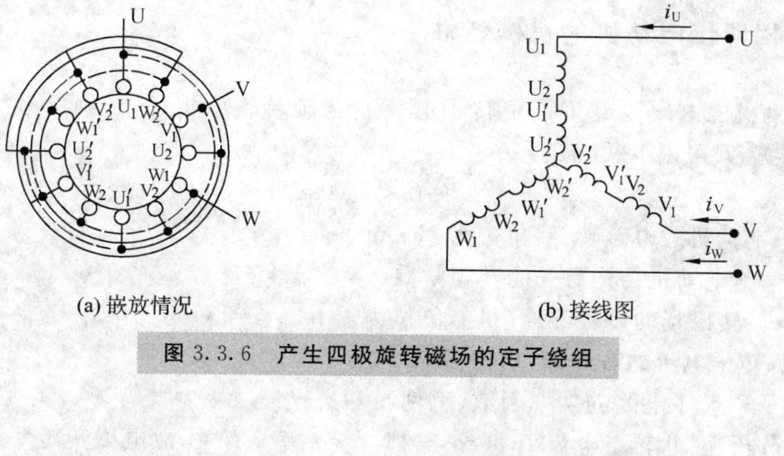

图 3.3.6 产生四极旋转磁场的定子绕组

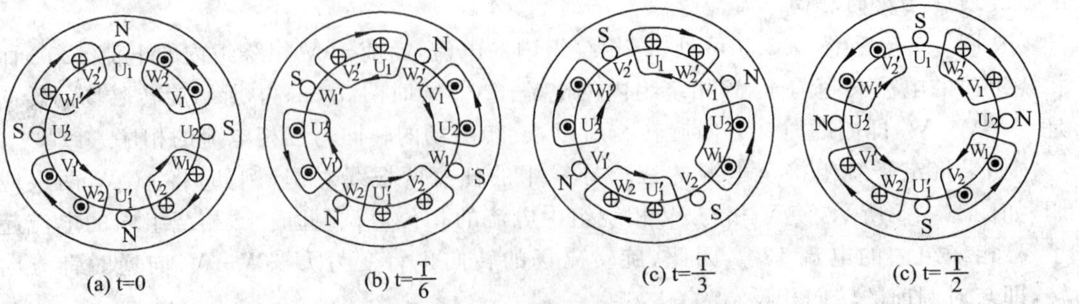

图 3.3.7 四极旋转磁场

由此可知，当旋转磁场具有两对磁极($p=2$)时，其转速仅为一对磁极时的一半，即每分钟 $60f_1/2$ 转。依次类推，当有 p 对磁极时，其转速为

$$n_1=\frac{60f_1}{p} \tag{3-3}$$

所以，旋转磁场的转速(即同步转速)n_1与电流的频率成正比而与磁级对数成反比，因为标准工业频率(即电流频率)为 50Hz，因此，对应于 $p=1$、2、3 和 4 时，同步转速分别为3 000 r/min、1 500r/min、1 000r/min 和 750r/min。

实际上，旋转磁场不仅可以由三相交流电获得，任何两相以上的多相交流电，流过相应的多相绕组，都能产生旋转磁场。

[例 3-3] 一台三相四极异步电动机，额定频率 50Hz，额定转速 $n_N=1\,440$r/min，计算额定转差率 s_N。

解：$n_1=\dfrac{60f_1}{p}=\dfrac{60\times50}{2}=1\,500$r/min

$s=\dfrac{n_1-n}{n_1}=\dfrac{1\,500-1\,440}{1\,500}=0.04$

3.4 三相异步电动机的机械特性和工作特性

3.4.1 三相异步电动机的机械特性

异步电动机的电磁转矩 T 是由转子电流 I_2 与旋转磁场相互作用而产生的。根据理论分析，电磁转矩 T 可用下式确定：

$$T=C_T\Phi I_2\cos\varphi_2 \tag{3-4}$$

式中：T——电动机的电磁转矩，单位为 N·m

C_T——与电动机结构有关的转矩常数

Φ——旋转磁场的每极磁通[量]，单位为 Wb

I_2——转子电流的有效值，单位为 A

$\cos\varphi_2$——转子电路的功率因数(感性)

从理论分析还知，转子电流 I_2 和 $\cos\varphi_2$ 都与转差率 s 有关，故电磁转矩 T 与 s 也有关，其关系曲线如图 3.4.1 所示。$T=f(s)$曲线，通常称为异步电动机的转矩特性。由于磁通 Φ 和转子电流 I_2 都与电源电压 U_1 成正比，所以电磁转矩 T 与 U_1^2 成正比。电源电压的变化对电动机工作情况影响很大，电压过高或过低都会使电动机性能变差，甚至烧坏电机。

由转矩特性可以看到，当 $s=0$，即 $n=n_1$ 时，$T=0$，这是理想空载运行；随着 s 的增大，转速降低，转子导体切割旋转磁场加快，转子电流 I_2 增大，功率因数 $\cos\varphi_2$ 保持较大值，T 开始增大。但到达最大值 T_m 以后，随着 s 的增大，虽然 I_2 增大，但是功率因数 $\cos\varphi_2$ 快速降低，因此 T 反而减小。最大转矩 T_m 也称临界转矩，对应于 T_m 的 s_m 称为临界转差率。

在实际应用中，需要了解异步电动机在电源电压一定时，转速 n 与电磁转矩 T 的关系。由 $T=f(s)$关系曲线和式(3-1)转换后的 $n=f(T)$曲线称机械特性曲线，如图 3.4.2 所示。用它来分析电动机的运行情况更为方便。

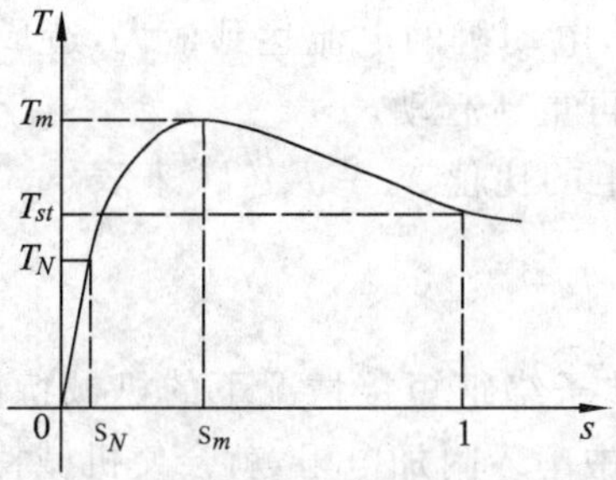

图 3.4.1 三相异步电动机的转矩特性

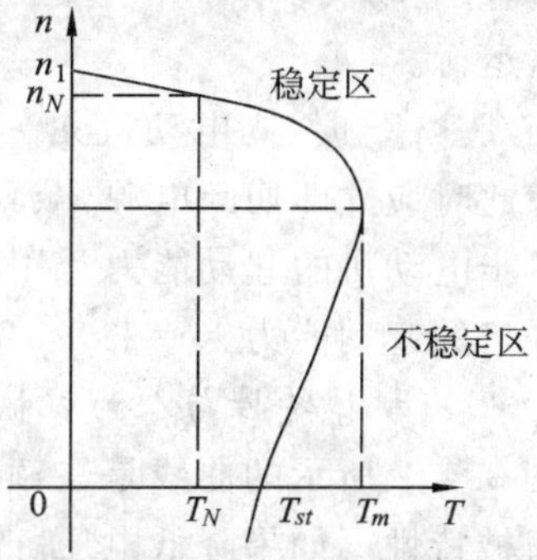

图 3.4.2 三相异步电动机的机械特性

在机械特性曲线上值得注意的是两个区和三个转矩值。

以最大转矩 T_m 为界，分为两个区，上部为稳定区，下部为不稳定区。当电动机工作在稳定区内某一点时，电磁转矩与负载转矩相平衡而保持匀速转动。如负载转矩变化，电磁转矩将自动适应随之变化达到新的平衡而稳定运行。当电动机工作在不稳定区时，则电磁转矩将不能自动适应负载转矩的变化，因而不能稳定运行。

三个转矩是：额定转矩 T_N、最大转矩 T_m 和起动转矩 T_{st}。

1. 额定转矩 T_N

电动机在额定电压下，带上额定负载，以额定转速运行，输出额定功率时的电磁转矩称为额定转矩。忽略空载转矩时，就等于额定输出转矩，用 T_N 表示。

$$T_N=9\ 550\frac{P_N}{n_N} \tag{3-5}$$

式中 P_N——异步电动机的额定功率，单位为 kW

n_N——异步电动机的额定转速，单位为 r/min

T_N——异步电动机的额定转矩，单位为 N·m

2. 最大转矩 T_m

在机械特性曲线上，转矩的最大值称最大转矩，它是稳定区与不稳定区的分界点。电动机正常运行时，最大负载转矩不可超过最大转矩，否则电动机将带不动，转速越来越低，发生所谓的“闷车”现象。此时电动机电流会升高到电动机额定电流的 4～7 倍，使电动机过热，甚至烧坏。为此将额定转矩 T_N 选得比最大转矩 T_m 低，使电动机能有短时过载运行的能力。

通常用最大转矩 T_m 与额定转矩 T_N 的比值 λ_m 来表示过载能力，即 $\lambda_m = T_m/T_N$。一般三相异步电动机的过载能力 $\lambda_m = 1.8 \sim 2.2$。

理论分析和实际测试都可以证明，最大转矩 T_m 和临界转差率 s_m 具有以下特点：

(1) T_m 与 U_1^2 成正比，s_m 与 U_1 无关。电源电压的变化对电动机的工作影响很大。

(2) T_m 与 f_1^2 成反比。电动机变频时要注意对电磁转矩的影响。

(3) T_m 与 R_2 无关，s_m 与 R_2 成正比。改变转子电阻可以改变转差率和转速。

3. **起动转矩 T_{st}**

电动机在接通电源起动的最初瞬间，$n=0$，$s=1$ 时的转矩称为起动转矩，用 T_{st} 表示。起动时，要求 T_{st} 大于负载转矩 T_L，此时电动机的工作点就会沿着 $n=f(T)$ 曲线上升，电磁转矩增大，转速 n 越来越高，很快越过最大转矩 T_m，然后随着 n 的增高，T 又逐渐减小，直到 $T=T_L$ 时，电动机以某一转速稳定运行。可见，只要 $T_{st} > T_L$，电动机一经起动，便迅速进入稳定区运行。

当 $T_{st} < T_L$ 时，则电动机无法起动，出现堵转现象，电动机的电流达到最大，造成电动机过热。此时应立即切断电源，减轻负载或排除故障后再重新起动。

异步电动机的起动能力常用起动转矩与额定转矩的比值 $\lambda_{st} = T_{st}/T_N$ 来表示。一般笼型电动机的起动能力 $\lambda_{st} = 1.3 \sim 2.2$。

4. **固有机械特性与人为机械特性**

图 3.4.2 所示的曲线是在额定电压、额定频率、转子绕组短接情况下的机械特性，称为固有机械特性。如果降低电压、改变频率或转子电路中串入附加电阻，就会使机械特性曲线的形状发生变化。这种改变了电动机参数后的机械特性称为人为机械特性。不同的人为机械特性提供了多种起动方法和调速方法，为灵活使用电动机提供了方便。人为机械特性的具体性质在分析调速时再作介绍。

3.4.2 三相异步电动机的工作特性

异步电动机从空载到满载对应于机械特性稳定区中的一段。为了正确合理地使用电动机，提高运行效率，节约能源，应了解不同负载情况下电动机的运行情况。

在电源电压 U_1 和频率 f_1 为额定值时，电动机定子电流 I_1、定子电路的功率因数 $\cos\varphi$ 以及电动机效率 η 与电动机输出机械功率 P_2 之间的关系，称为电动机的工作特性。这些关系可用 $I_1=f(P_2)$、$\cos\varphi=f(P_2)$ 和 $\eta=f(P_2)$ 三条曲线表示，如图 3.4.3 所示。

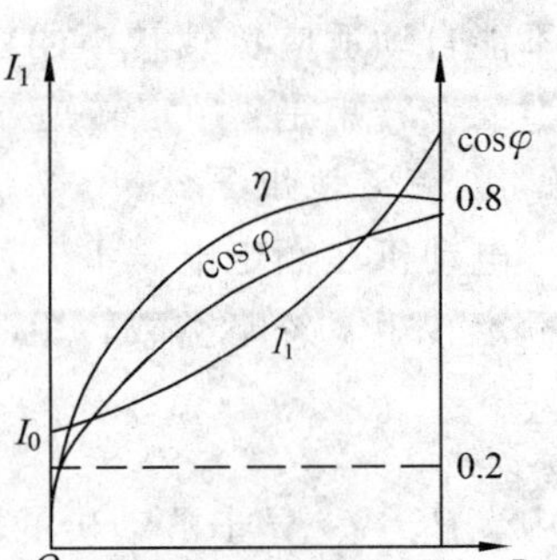

图 3.4.3 工作特性曲线

1. **定子电流特性 $I_1=f(P_2)$**

异步电动机定子电流 I_1，随输出负载的增大而增大，其原理与变压器原边电流随负载增大而增大相似。但空载电流 I_0 比变压器大得多，约为额定电流的 20%～40%。

2. **定子功率因数特性 $\cos\varphi=f(P_2)$**

异步电动机空载电流 I_0 是产生工作磁通的励磁电流，是电感性的，所以空载时的功率因数很低，一般在 0.2 左右。电动机轴上带机械负载后，随着输出功率的增大，功率因数逐渐提高，到额定负载时一般为 0.7～0.9 左右。

3. 效率特性 $\eta=f(P_2)$

电动机的效率 η 是指其输出机械功率 P_2 与输入电功率 P_1 的比值，即

$$\eta=\frac{P_2}{P_1}\times100\%=\frac{P_2}{\sqrt{3}U_1I_1\cos\varphi_1}\times100\%=\frac{P_2}{P_2+\Delta P_{Cu}+\Delta P_{Fe}+\Delta P_m}\times100\% \quad (3\text{-}6)$$

式中 ΔP_{Cu}、ΔP_{Fe}、ΔP_m 分别为铜损、铁损和机械损耗。

空载时 $P_2=0$ 而 $P_1>0$，故 $\eta=0$；随着负载的增大，开始 η 上升很快，后因铜损迅速增大（铁损和机械损耗基本不变），η 反而有所减小，η 的最大值一般出现在额定负载的 80%附近，最高效率约为 80%～90%。

由图 3.4.3 可见，三相异步电动机在其额定负载的 70%～100%运行时，其功率因数和效率都比较高，因此应该合理选用电动机的额定功率，使它运行在满载或接近满载的状态，尽量避免或减少轻载和空载运行的时间。

3.5 三相异步电动机的起动

电动机的起动就是把电动机的定子绕组与电源接通，使电动机的转子由静止加速到以一定转速稳定运行的过程。

异步电动机在起动的最初瞬间，其转速 $n=0$，转差率 $s=1$，转子电流达到最大值，这时定子电流也达到最大值，约为额定电流的 4～7 倍。由转矩 $T=C_T\Phi I_2\cos\phi_2$ 的关系可知，笼型异步电动机的起动电流虽大，但由于起动时转子电路的功率因数很低，故起动转矩并不大，一般起动系数 λ_{st} 只有 1.3～2.2。

电动机起动电流大，在输电线路上造成的电压降也大，可能会影响同一电网中其他负载的正常工作，例如使其他电动机的转矩减小，转速降低，甚至造成堵转，或使日光灯熄灭等。电动机起动转矩小，则起动时间较长，或不能在满载情况下起动。由于异步电动机的起动电流大而起动转矩较小，故常采取一些措施来减小起动电流，增大起动转矩。

异步电动机的起动方法通常有以下几种。

3.5.1 直接起动

用开关将额定电压直接加到定子绕组上使电动机起动，就是直接起动，又称全压起动。图 3.5.1 所示是用电源开关 QS 直接起动的电路。

直接起动的优点是设备简单，操作方便，起动时间短。只要电网的容量允许，应尽量采用直接起动。容量在 10kW 以下的三相异步电动机一般都采用直接起动。

一台电动机是否允许直接起动，各地电力部门分别有规定，例如表 3.3 是各地电力部门的规定，可供参考。

表 3.3 笼型异步电动机直接起动参考数据

供电方式	起动情况	电网允许电压降	电动机额定功率允许占供电变压器额定容量的比值
动力与照明混合	经常起动	2%	4%
	不经常起动	4%	8%
动力专用		10%	20%

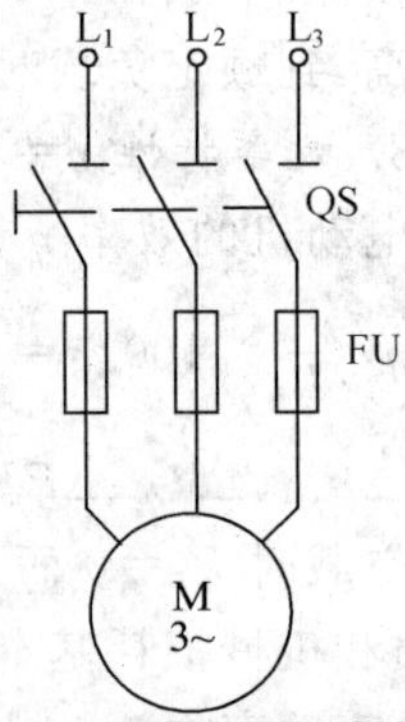

图 3.5.1 直接起动电路

此外也可用经验公式来确定,若满足下列公式,则电动机可以直接起动:

$$\frac{\text{直接起动电流(A)}}{\text{额定电流(A)}} \leqslant \frac{3}{4} + \frac{\text{变压器总容量(kVA)}}{4\times\text{电动机功率(kW)}} \tag{3-7}$$

3.5.2 笼型异步电动机降压起动

如果笼型异步电动机的额定功率超出了允许直接起动的范围,则应采用降压起动。所谓降压起动,是借助起动设备将电源电压适当降低后加到定子绕组上进行起动,待电动机转速升高到接近稳定时,再使电压恢复到额定值,转入正常运行。

降压起动时,由于电压降低,电动机每极磁通量减小,故转子电动势、电流以及定子电流均减小,避免了电网电压的显著下降。但由于电磁转矩与定子电压的平方成正比,因此降压起动时的起动转矩将大大减小,一般只能在电动机空载或轻载的情况下起动,起动完毕后再加上机械负载。

目前常用的降压起动方法有三种:

1. 定子串接电抗器起动

起动时电抗器串接于定子电路中,这样可以降低定子电压,限制起动电流。在转速接近额定值时,将电抗器短接,此时电动机就在额定电压下开始正常运行。

定子回路串电阻起动,也属于降压起动,但由于外接的电阻上有较大的有功功率损耗,所以对中、大型异步电动机是不经济的。

2. Y/△起动

如果电动机正常工作时其定子绕组是三角形联结的,那么起动时为了减小起动电流,可将其接成星形联结,等电动机转速上升后,再恢复三角形联结。

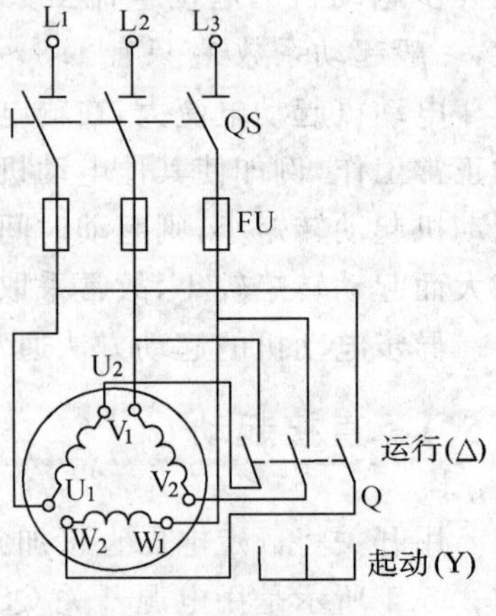

图 3.5.2 Y/△起动

Y/△起动电路如图 3.5.2 所示,起动时先合上电源开关 QS,同时将三刀双掷开关 Q 扳到起动位置(Y),此时定子绕组接成 Y 形,各相绕组承受的电压为额定电压的 $1/\sqrt{3}$。待电动机转速接近稳定时,再把 Q 迅速扳到运行位置(△),使定子绕组改为△接法,于是每相绕组加上额定电压,电动机进入正常运行。

设定子绕组每相阻抗的大小为 $|Z|$,电源线电压为 U_1,△联结时直接起动的线电流为

$I_{st\triangle}$,Y 联结时降压起动的线电流为 I_{stY},则有

$$\frac{I_{stY}}{I_{st\triangle}}=\frac{\dfrac{U_1}{\sqrt{3}\,|Z|}}{\sqrt{3}\dfrac{U_1}{|Z|}}=\frac{1}{3} \tag{3-8}$$

可见 Y/△起动时的起动电流是△联结直接起动时起动电流的 1/3。由于电磁转矩与定子绕组相电压的平方成正比,所以 Y/△起动时的起动转矩也减小为直接起动时的 1/3。

Y/△起动设备简单,工作可靠,但只适用于正常工作时作△联结的电动机。为此,Y 系列异步电动机额定功率在 4kW 及其以上的均设计成△接法。

3. **自耦变压器降压起动**

自耦变压器降压起动的电路如图 3.5.3 所示。三相自耦变压器接成星形,用一个六刀双掷转换开关 Q 来控制变压器接入或脱离电路。起动时把 Q 扳在起动位置,使三相交流电源接入自耦变压器的原边,而电动机的定子绕组则接到自耦变压器的副边,这时电动机得到的电压低于电源电压,因而减小了起动电流,待电动机转速升高后,把 Q 从起动位置迅速扳到运行位置,让定子绕组直接与电源相接,而自耦变压器则与电路脱开。

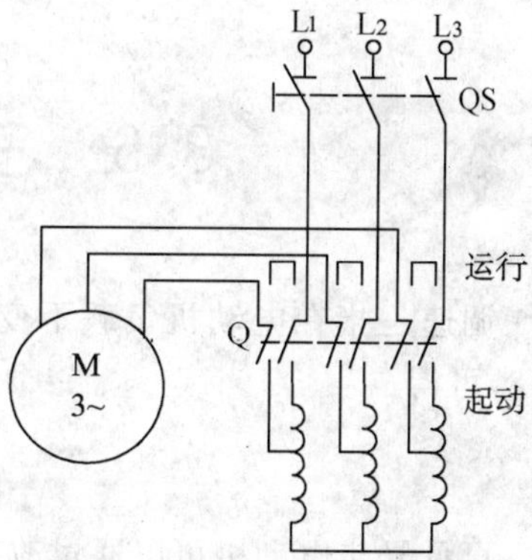

图 3.5.3 自耦变压器降压起动

自耦变压器降压起动时,电动机定子电压为直接起动时的 $1/K$(K 为自耦变压器的变比),定子电流(即自耦变压器副边电流)也降为直接起动时的 $1/K$,而自耦变压器原边的电流则要降为直接起动时的 $1/K^2$;由于电磁转矩与外加电压的平方成正比,故起动转矩也降低为直接起动时的 $1/K^2$。

起动用的自耦变压器专用设备称为起动补偿器,它通常有两至三个抽头,输出不同的电压,例如分别为电源电压的 80%、60%和 40%,可供用户选用。自耦变压器降压起动的优点是起动电压可根据需要选择,使用灵活,可适用于不同的负载,但设备较笨重,成本高。

3.5.3 变频起动

目前降压变频起动方法得到了推广使用。起动时,给三相异步电动机加低压低频的交流电,随着转速的上升,逐渐提高电源的电压和频率,直到额定电压和频率。整个起动过程可控制在最佳的运行状态,电动机可以按照设定的起动电流和起动转矩以及加速度自动运行。但前提条件是必须有一个专门配套的变频电源。随着电力电子技术的发展,这种起动方法会用得越来越多。

3.5.4 绕线型异步电动机转子串电阻起动

笼型异步电动机的转子绕组是短接的,因此无法通过改变其参数来改善起动性能。对

于既要限制起动电流，又要重载起动的场合，不得不采用绕线型异步电动机。

绕线型异步电动机转子串电阻起动的电路如图 3.5.4 所示。起动时在转子电路中串入三相对称电阻，起动后，随着转速的上升，逐渐切除起动电阻，直到转子绕组短接。采用这种方法起动时，转子电路电阻增加，转子电流 I_2 减小，$\cos\varphi_2$ 提高，起动转矩反而会增大。这是一种比较理想的起动方法，既能减小起动电流，又能增大起动转矩，因此适合于重载起动的场合，例如起重机械等。其缺点是绕线型异步电动机价格昂贵，起动设备较多，起动过程电能浪费多；电阻段数较少时，起动过程转矩波动大；而电阻段数较多时，控制线路复杂，所以一般只设计为 2～4 段。

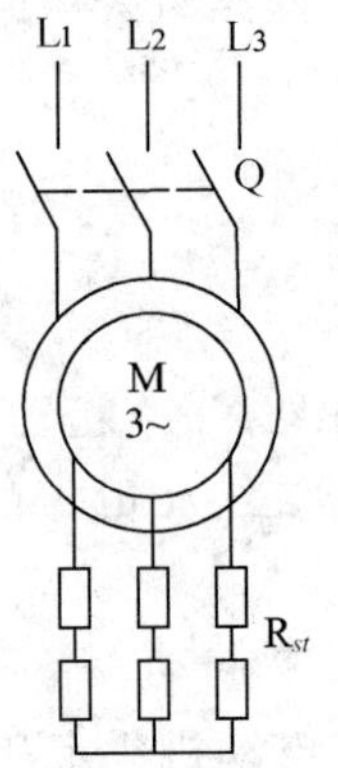

图 3.5.4 转子串电阻起动

3.6 三相异步电动机的调速

调速是指在电动机负载不变的情况下，人为地改变电动机的转速。由公式(3-2)、公式(3-3)可得

$$n=n_1(1-s)=\frac{60f_1}{p}(1-s) \tag{3-9}$$

可见异步电动机可以通过改变磁极对数 p、电源频率 f_1 和转差率 s 三种方法来实现调速。

3.6.1 变极调速

改变异步电动机定子绕组的接线，可以改变磁极对数，从而得到不同的转速。由于磁极对数 p 只能成倍地变化，所以这种调速方法不能实现无级调速。

三相异步电动机定子绕组变极的原理如图 3.6.1 所示。以单绕组双速电机为例，对变极调速的原理进行分析，为简便起见，图中将一个线圈组集中起来用一个线圈代表。单绕组双速电动机的定子每相绕组由两个相等圈数的“半绕组”组成。图(a)中两个“半绕组”串联，其电流方向相同；图(b)中两个“半绕组”并联，其电流方向相反。它们分别代表两种极对数，即 $2p=4$ 与 $2p=2$。由此可见，改变极对数的关键在于使每相定子绕组中一半绕组内的电流改变方向。即改变半相绕组的电流方向，使极对数减少一半，从而使转速上升一倍，这就是变极调速的原理。

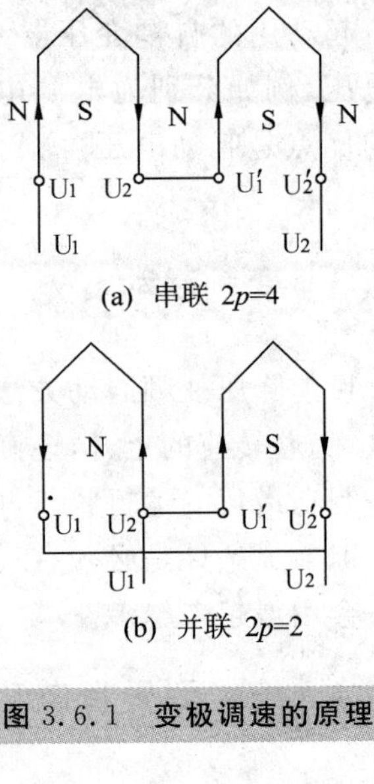

图 3.6.1 变极调速的原理

若在定子上装两套独立绕组，各自具有所需的极对数，两套独立绕组中每套又可以有不同的连接。这样就可以分

别得到双速、三速或四速等电动机，通称为多速电动机。

多速电动机中典型的变极方法有两种：一种是 Y/YY，如图 3.6.2(a)所示，即每相绕组由串联改成并联，则极对数减少了一半，故 $n_{YY}=2n_Y$。另一种是△/YY，如图 3.6.2(b)所示，将定子绕组由△改接成 YY 时，极对数也减少了一半，即 $n_{YY}=2n_{\triangle}$。国产 YD 系列双速电机所采用的变极方法是△/YY 接法，允许输出的功率近似不变，属恒功率调速方式。

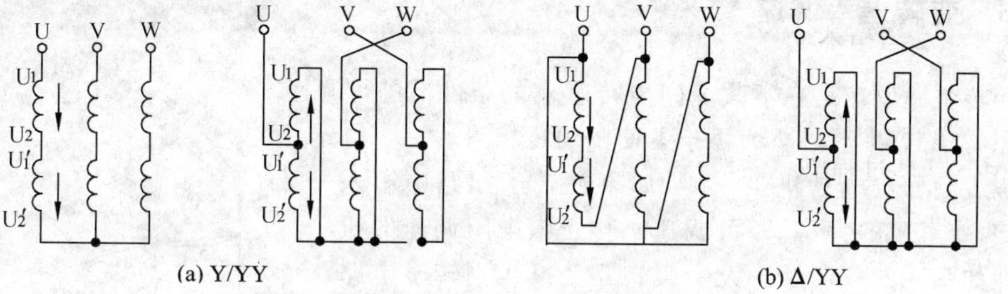

图 3.6.2　单绕组双速电动机的极对数变换

另外，由于极对数的改变，不仅使转速发生了改变，而且三相定子绕组排列的相序也改变了。假设高速时三相绕组空间位置为 0→120°→240°，那么低速时极对数增加一倍，三相绕组空间位置变成了 0→240°→480°(120°)。为了使变极前后维持原来的转向不变，就必须在变极的同时，改变三相绕组接线的相序，如图 3.6.2 所示，将 V 和 W 相对换一下，这是设计变极调速电动机控制线路时应注意的一个问题。

多速电动机起动时宜先接成低速，然后再换接为高速，这样可获得较大的起动转矩。

3.6.2　变频调速

由于三相异步电动机的同步转速 n_1 与电源频率 f 成正比，因此，改变三相异步电动机的电源频率，可以实现平滑的调速。在进行变频调速时，为了保证电动机的电磁转矩不变，就要保证电动机内旋转磁场的磁通量不变。异步电动机与变压器类似，$U_1 \approx E_1 = 4.44 f_1 N_1 \Phi$，为了在改变频率 f_1 的同时，而保持磁通 Φ 不变，必须同时改变电源电压 U_1，使比值 U_1/f_1 保持不变。但若从额定频率往上升时，由于绝缘等级和技术上的问题，电压只能保持额定电压不变。

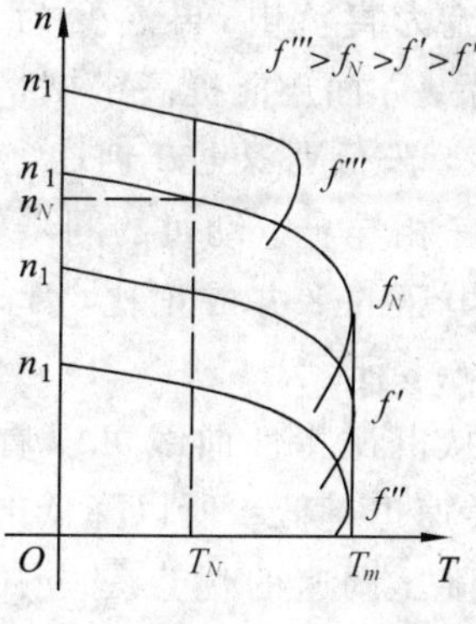

图 3.6.3　变频调速的机械特性

变频调速的机械特性如图 3.6.3 所示。在额定频率以下，电压与频率成正比减小，Φ 基本不变，属恒转矩调速方式，在额定频率以上，频率升高电压不变，Φ 减小，属恒功率调速方式。

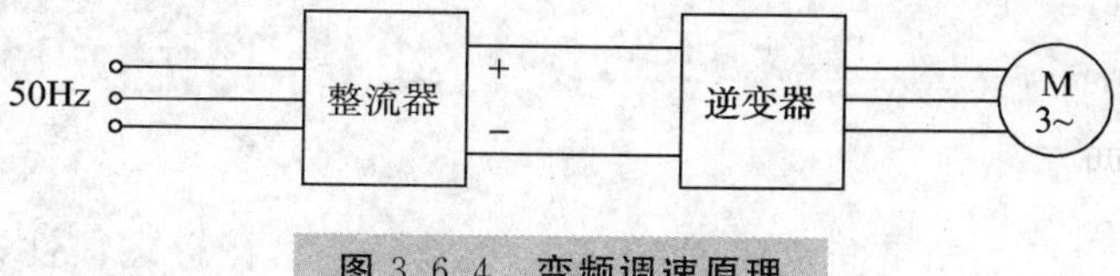

图 3.6.4　变频调速原理

进行变频调速，需要一套专用的变频设备，例如采用图 3.6.4 所示的变频装置，它由整流器和逆变器组成。整流器先将 50Hz 的交流电变换为直流电，再由逆变器变换为频率可调且比值 U_1/f_1 保持不变的三相交流电，供给笼型异步电动机，连续改变电源频率可以实现大范围的无级调速，而且电动机机械特性的硬度基本不变。这是一种比较理想的调速方法，近年来发展很快，正得到越来越多的应用。

3.6.3 变转差率调速

变转差率调速是在不改变同步转速 n_1 的条件下进行调速。

1. 绕线型异步电动机转子串电阻调速

绕线型异步电动机工作时，如果在转子回路中串入电阻，改变电阻的大小，即可调速。转子串电阻调速的机械特性如图 3.6.5 所示。设负载转矩为 T_L，当转子电路的电阻为 R_a 时，电动机稳定运行在 a 点，转速为 n_a；若 T_L 不变，转子电路电阻增大为 R_b，则电动机机械特性变软，工作点由 a 点移至 b 点，于是转速降低为 n_b。转子电路串接的电阻越大，则转速越低。

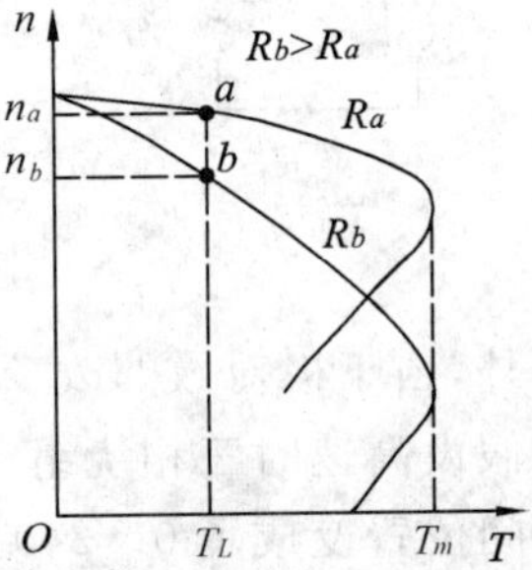

图 3.6.5 转子串电阻机械特性

转子串电阻调速的优点是设备简单，成本低，缺点是低速时机械特性软，转速不稳定，电能浪费多，电动机的效率低，轻载时调速效果差。主要用于恒转矩负载如起重运输设备中。

转子串电阻调速存在的问题，可以通过使用晶闸管串级调速系统来得到解决。原来在转子电阻中消耗的电能，先整流为直流电，再逆变为交流电送回电源。一方面节能，另一方面还能提高机械特性的硬度。

2. 降低电源电压调速

三相异步电动机的同步转速 n_1 与电压无关，而最大转矩与电压的平方成正比，因此，降压时的人为机械特性如图 3.6.6 所示。

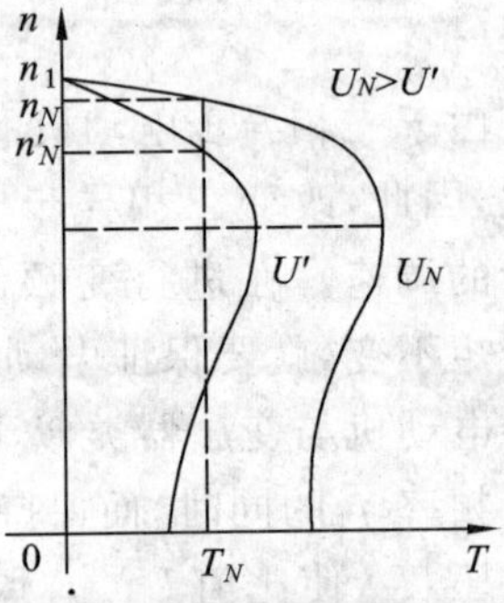

图 3.6.6 降压的机械特性

从机械特性曲线可以看出，负载转矩一定时，电压越低，转速也越低。所以降低电压也能调节转速。

降压调速的优点是电压调节方便，对于通风机型负载，调速范围较大。因此，目前大多数的电风扇都采用串电抗器或双向晶闸管降压调速。缺点是对于常见的恒转矩负载，调速范围很小，实用价值不大。

3.7 三相异步电动机的制动

制动就是刹车。当电动机断电后，由于电动机及生产机械存在惯性，要经过一段时间才能停转。为了提高生产效率及安全性，必须对电动机进行制动。

制动的方法有机械制动和电气制动两类。

机械制动通常利用电磁抱闸制动器来实现。电动机起动时，电磁抱闸线圈同时通电，电磁铁吸合，使抱闸松开；电动机断电时，抱闸线圈同时断电，电磁铁释放，在弹簧作用下，抱闸把电动机转子紧紧抱住，实现制动。起重机常用这种方法制动。

电气制动就是在电动机转子中产生一个与转动方向相反的电磁转矩，使电动机迅速停止转动。常用的电气制动方法有以下几种。

3.7.1 反接制动

反接制动的方法是在电动机脱离电源后，把电动机与电源连接的三根导线中的任意两根对调一下，再接入电动机，此时旋转磁场反转，而转子由于惯性仍沿原方向转动，因而产生的电磁转矩方向与电动机转动方向相反，电动机因制动转矩的作用而迅速停转，如图 3.7.1 所示。当转速接近于零时，利用控制器将三相电源及时切断，否则电动机将反转。

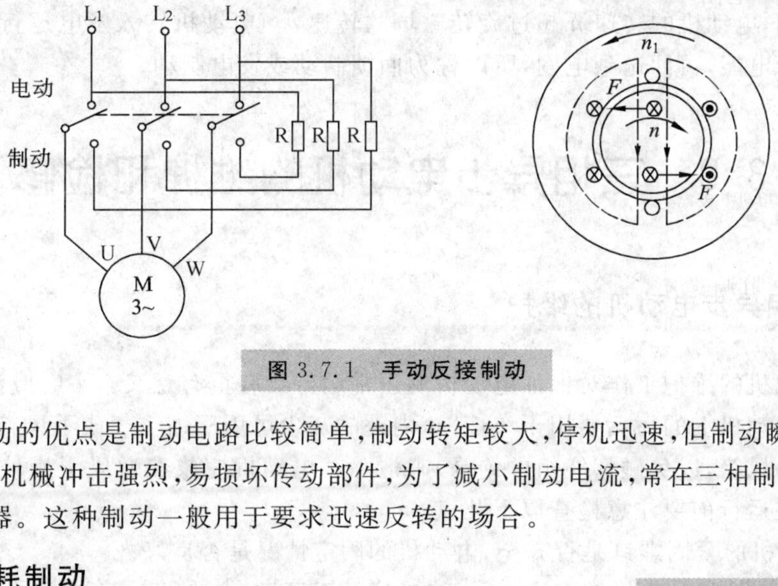

图 3.7.1 手动反接制动

反接制动的优点是制动电路比较简单，制动转矩较大，停机迅速，但制动瞬间电流较大，消耗也较大，机械冲击强烈，易损坏传动部件，为了减小制动电流，常在三相制动电路中串入电阻或电抗器。这种制动一般用于要求迅速反转的场合。

3.7.2 能耗制动

能耗制动如图 3.7.2 所示，在切断三相电源的同时给定子绕组通入直流电，在定子与转子之间形成一个固定的磁场，由于转子在惯性作用下按原方向转动而切割固定磁场，产生一个与转子旋转方向相反的电磁转矩，使电动机迅速停转。停转后，转子与磁场相对静止，制动转矩随之消失。

这种制动方法是把转子的动能转换为电能，在转子电路中以热能形式迅速消耗掉，故称为能耗制动。其优点是制动能量消耗小，制动平稳，虽要直流电源，但随着电子技术的迅速发展，很容易从交流电整流获得直流电。这种制动一般用于要求迅速平稳停车的场合。

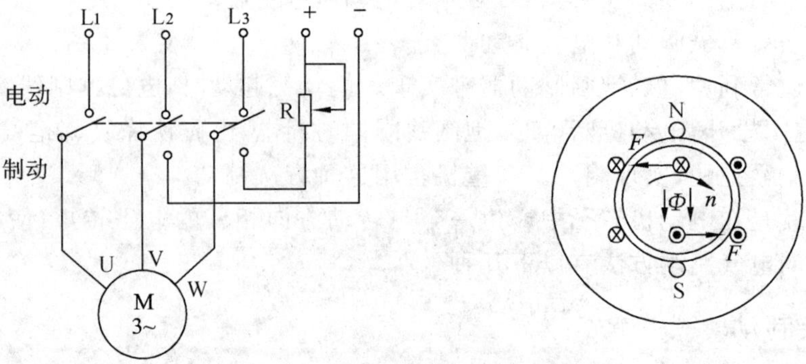

图 3.7.2 手动能耗制动

3.7.3 回馈制动

回馈制动又称再生制动或发电制动，主要用在起重设备中。例如当起重机放下重物时，因重力的作用，电动机的转速 n 超过旋转磁场的转速 n_1，电动机转入发电运行状态，将重物的位能转换为电能，再回送到电网，所以称为回馈制动或发电制动。

3.8 三相异步电动机的维护和检修

3.8.1 三相异步电动机的维护

做好电动机的维护工作对保证电动机的正常运行具有重有意义。平时应注意使电动机保持清洁。电动机上的污垢要用干布擦净，内外的灰尘可用压缩空气或手风箱(不要用带有金属尖咀的手风箱，以免碰坏绕组的绝缘)来清除。电动机应放在通风干燥处，不要使它受潮。电动机在运行前要注意检查以下几点：

(1) 电动机的紧固螺钉是否齐全，电动机的固定情况是否良好。

(2) 电动机的传动机构转动是否灵活，工作是否可靠。

(3) 线绕型异步电动机的电刷与滑环之间是否清洁，有无灼伤痕迹。

(4) 电动机接线盒中的接头处有无松动和灼伤现象。

(5) 电动机金属外壳上的接地线是否牢固。

(6) 长期搁置未用或有可能受潮的电动机，在使用前应测量它的绕组对机壳以及绕组相互间的绝缘电阻。电动机的绝缘电阻通常要求在 1MΩ 以上，若绝缘电阻达不到要求，应将电动机烘干再用。在测量额定电压为 380V 的电动机绝缘电阻时，应使用额定电压为 500V 的兆欧表。

电动机在运行中，应注意它的各部分温度是否超过允许值，有无不正常的振动和噪音，有无绝缘漆被烧焦的气味。如发现有故障，应立即停止运行，及时检查修理。

3.8.2　三相异步电动机定期维修

异步电动机定期维修是消除故障隐患、防止故障发生的重要措施。电动机维修分月维修和年维修，俗称小修和大修。前者不拆开电动机，后者需把电动机全部拆开进行维修。

1. 定期小修主要内容

定期小修是对电动机的一般清理和检查，应经常进行。小修内容包括：

(1) 清擦电动机外壳，除掉运行中积累的污垢。

(2) 测量电动机绝缘电阻，测后注意重新接好线，拧紧接线螺钉。

(3) 检查电动机端盖、地脚螺钉是否紧固。

(4) 检查电动机接地线是否可靠。

(5) 检查电动机与负载机械间的传动装置是否良好。

(6) 拆下轴承盖，检查润滑介质是否变脏、干涸，及时加油或换油。处理完毕后注意上好端盖及紧固螺钉。

(7) 检查电动机附属起动和保护设备是否完好。

2. 定期大修主要内容

异步电动机的定期大修应结合负载机械的大修进行。大修时，拆开电动机进行以下项目的检查修理：

(1) 检查电动机各部件有无机械损伤，若有则应做相应修复。

(2) 对拆开的电动机和起动设备，进行清理，清除所有油泥、污垢。清理中注意观察绕组绝缘状况。若绝缘为暗褐色，说明绝缘已经老化，对这种绝缘要特别注意不要碰撞使它脱落。若发现有脱落就进行局部绝缘修复和刷漆。

(3) 拆下轴承，浸在柴油或汽油中彻底清洗。把轴承架与钢珠间残留的油脂及脏物洗掉后，用干净柴(汽)油清洗一遍。清洗后的轴承应转动灵活，不松动。若轴承表面粗糙，说明油脂不合格；若轴承表面变色(发蓝)，则它已经退火。根据检查结果，对油脂或轴承进行更换，并消除故障原因(如清除油中砂、铁屑等杂物，正确安装电机等)。

轴承新安装时，加油应从一侧加入。油脂占轴承内容积1/3～2/3即可。油加得太满会发热流出。润滑油可采用钙基润滑脂或钠基润滑脂。

(4) 检查定子绕组是否存在故障。使用兆欧表测绕组绝缘电阻可判断绕组绝缘是否受潮或是否有短路。若有则应进行相应处理。

(5) 检查定、转子铁心有无磨损和变形，若观察到有磨损处或发亮点，说明可能存在定、转子铁心相擦。应使用锉刀或刮刀把亮点刮低。若有变形应做相应修复。

(6) 在进行以上各项修理、检查后，对电动机进行装配、安装。

(7) 安装完毕的电动机，应进行修理后检查，符合要求后，方可带负载运行。

3.8.3　三相异步电动机的常见故障及处理方法

电动机的故障，有机械的和电气的两个方面。鼠笼式三相异步电动机是所有电动机中工作最可靠、最耐用的电动机。它的转子电路发生故障的机会较少，定子电路发生故障的机会较多，但不外乎是断路或短路两种情况。下面把三相异步电动机的常见故障和检查处理方法列于表 3.4 中,供应用时参考。

表 3.4 三相异步电动机的常见故障和检查处理方法

故　障	可能的原因	检查和处理方法
不能起动	1. 电源线路有断开处 2. 定子绕组中有断路处 3. 线绕式转子及其外部电路有断路处	1. 检查电源是否有电,熔丝是否烧断,电源开关接触是否良好,电动机接线板上的接线头是否松脱 2. 在断开电源的情况下,用万用表检查定子绕组有无断路处 3. 用万用表检查转子绕组及其外部电路。并检查各连接点的接触是否紧密
电源接通后,电动机尚未起动,熔丝即烧断	1. 定子电路中有一相对地短路 2. 熔丝过细 3. 应该 Y 连接的电动机错接成△ 4. 线绕式电动机的起动变阻器手柄放在运行位置	1. 接通开关熔丝立即烧断,大多是对地短路或相间短路故障,可用兆欧表检查 2. 改用较大额定电流的熔丝 3. 改正接法 4. 把起动变阻器的手柄旋转至起动位置
空载运行正常,加上负载后转速即降低或停转	1. 应该△接法的电动机错接成 Y 2. 电动机的电压过低 3. 转子铜条有断裂处 4. 负载太大	1. 改正接法 2. 恢复电动机的电压到额定值 3. 取出转子修理 4. 适当减轻负载
电动机运行时有较大的嗡嗡声,且电流超过额定值较多	1. 定子绕组有一相断路 2. 定子绕组有短路处	1. 检查电动机的熔丝,是否有一相断开 2. 断开电源用兆欧表检查
电动机有不正常的振动和响声	1. 电动机的地基不平 2. 电动机的联轴器松动 3. 轴承磨损松动造成定、转子相擦	1. 改善电动机的安装情况 2. 停车检查,拧紧螺钉 3. 更换轴承
电动机的温度过高	1. 电动机过载 2. 电动机通风不好 3. 电源电压过高或过低 4. 定子绕组中有短路 5. 电动机单相运行 6. 定转子铁心相擦	1. 适当减小负载 2. 检查电动机的风扇是否脱落,通风孔道是否堵塞,电动机附近是否堆放有杂物,影响空气对流通畅 3. 改善电动机的电压 4. 5.6. 可参看上面的处理方法
轴承温度过高	1. 皮带过紧 2. 滚动轴承的轴承室中严重缺少润滑油 3. 油质太差	1. 适当调整皮带的松紧程度 2. 拆下轴承盖,加黄油到 2/3 油室 3. 调换好的润滑油脂。
电动机外壳带电	1. 接地不良或接地电阻太大 2. 绕组受潮 3. 绝缘损坏,引线碰壳	1. 按规定接好地线,排除接地不良故障 2. 进行烘干处理 3. 浸漆修补绝缘,重接引线

3.9 单相异步电动机

单相异步电动机的定子绕组由单相电源供电，定子上有一个或两个绕组，转子多为笼型。

单相异步电动机的工作原理与三相异步电动机相似，由定子绕组通入交流电产生旋转磁场，切割转子导体产生感应电动势和电流，从而产生电磁转矩使转子转动。

单相异步电动机具有结构简单，成本低廉，噪声小等优点，因此广泛用于工业、农业、医疗和家用电器等方面，最常见的如电风扇、洗衣机、电冰箱、空调等。与同容量的三相异步电动机相比，单相异步电动机的体积较大，运行性能较差。

3.9.1 单相异步电动机的工作原理

当单相正弦交流电通入定子单相绕组时，就在绕组轴线方向上产生一个交变的脉动磁场，这种磁场在空间位置不变，其幅值在时间上随交变电流按正弦规律变化，具有脉动特性，因此称为脉动磁场，如图 3.9.1 所示。可见，单相异步电动机中的磁场是一个脉动磁场，不同于三相异步电动机中的旋转磁场。

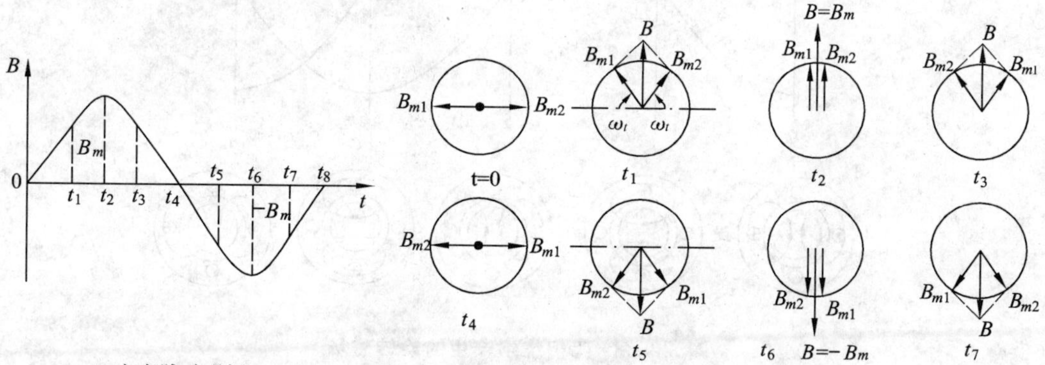

(a) 交变脉动磁场

(b) 脉动磁场的分解

图 3.9.1 脉动磁场分成两个转向相反的旋转磁场

为了便于分析，这个脉动磁场可以分解为大小相等、方向相反的两个旋转磁场，分别在转子中感应出大小相等、方向相反的电动势和电流。

两个旋转磁场分别作用于笼型转子而产生两个方向相反的电磁转矩，合成后得到单相异步电动机的机械特性，如图 3.9.2 所示。图中，T^+ 为正向转矩，由旋转磁场 B_{m1} 产生；T^- 为反向转矩，由反向旋转磁场 B_{m2} 产生，而 T 为单相异步电动机的合成转矩。

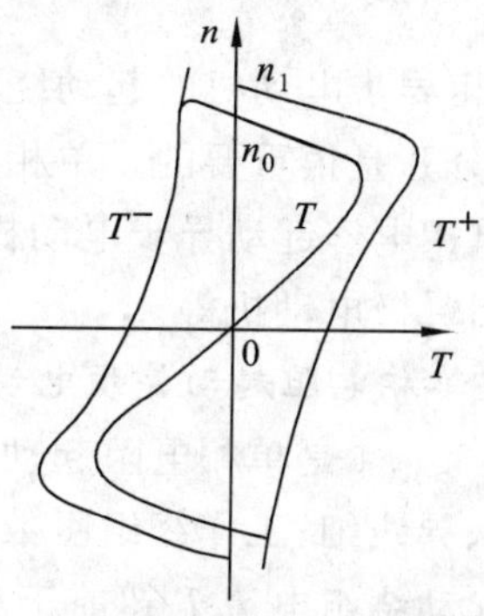

图 3.9.2 单相异步电动机的机械特性

从图 3.9.2 可知，单相异步电动机的机械特性有如下的特点：

(1) 当 $n=0$ 时，$T^{+}=T^{-}$，合成转矩 $T=0$。即单相异步电动机的起动转矩为零。

(2) 当 $n>0$ 时，$T>0$；$n<0$ 时，$T<0$。即转向取决于初速度的方向。

(3) 由于转子中存在着方向相反的两个转矩，理想空载转速 n_0 小于磁场转速 n_1，与同容量的三相异步电动机相比，单相异步电动机额定转速略低。

3.9.2 单相异步电动机的起动

单相异步电动机由于起动转矩为零，所以不能自行起动。为了解决电动机的起动问题，可在电动机中增加一相起动绕组。如果工作绕组与起动绕组对称，即匝数相等，空间互差90°，通入相位差90°的两相交流电，则可产生旋转磁场，转子则能自行起动，如图3.9.3所示。转动后的单相异步电动机，断开起动绕组后仍可继续工作。

以上起动方法称为单相异步电动机的分相起动，即把单相交流电变为两相交流电，从而在单相异步电动机内部建立一个旋转磁场。

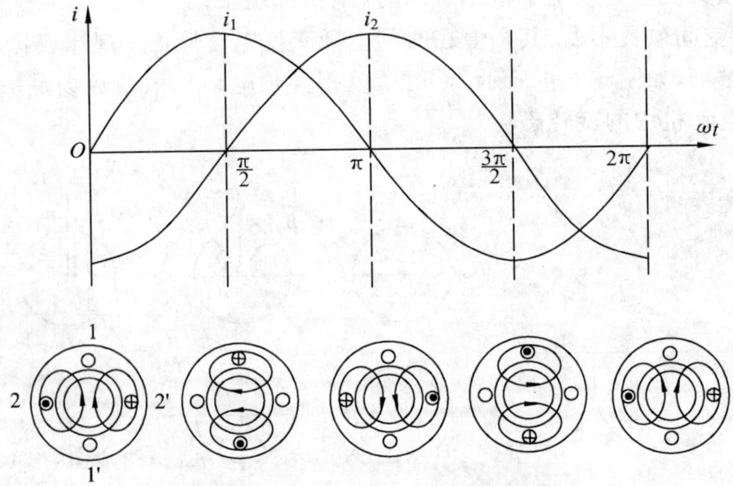

图3.9.3 两相绕组产生的旋转磁场

3.9.3 单相异步电动机的分类

单相异步电动机的起动绕组和运行绕组由同一单相电源供电，如何把这两个绕组中电流相位分开是很重要的。单相异步电动机根据分相的方法不同可分为单相电阻起动异步电动机、单相电容起动异步电动机、单相电容运行异步电动机、单相电容起动与运行异步电动机、单相罩极电动机等。

1. 单相电阻起动异步电动机

图3.9.4是单相电阻起动异步电动机的原理图。单相电阻起动异步电动机的起动绕组匝数少、导线细；工作绕组匝数多、导线粗。两个绕组并联接在同一电源时，流过不同相位的电流，起动绕组电流 I_2 超前于工作绕组电流 I_1 一个电角度，从而产生旋转磁场，获得起动转矩。当转速上升后，自动断开起动绕组，实行单相运行。单相电阻起动异步电动机应用于电冰箱的压缩机电机中。为了增大电流 I_2 与电流 I_1 的相位差，起动绕组在绕制时，往往会反

绕一些匝数，以便减少有效匝数，增大电阻，修理电动机时要注意这种情况。

2. 单相电容起动异步电动机

如果在起动绕组中串入一个电容器，就构成了单相电容起动异步电动机，图 3.9.5 是它的原理线路图。由于电容器的作用，使起动绕组中的电流 I_2 超前于工作绕组电流 I_1 一定的相位差。当电容量合适时，可使相位差接近 90°。这样可使电动机在起动时获得最佳的旋转磁场。所以这种单相异步电动机的起动转矩大，起动电流较小，起动性能最好。适用于各种满载起动的机械，如小型空气压缩机、木工机械等，在部分电冰箱压缩机中也有采用。

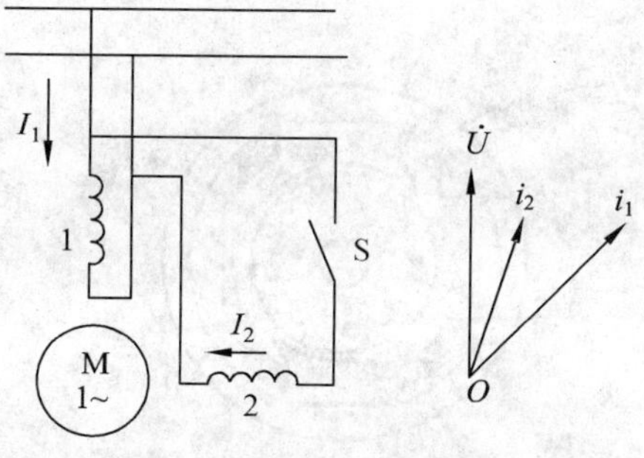

图 3.9.4 单相电阻起动异步电动机

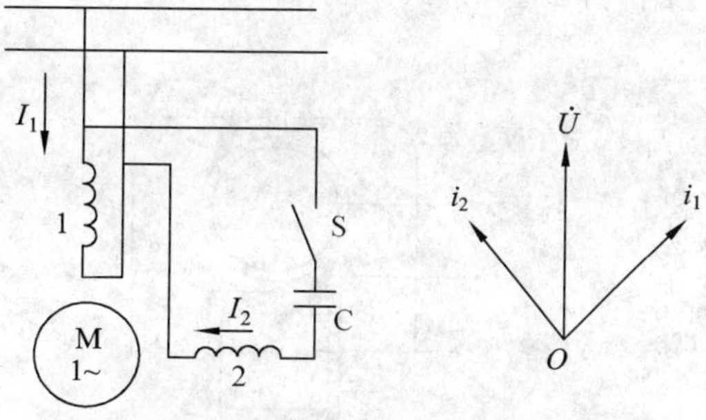

图 3.9.5 单相电容起动异步电动机

上述两种电动机在起动接近结束时，离心开关 S 自动断开起动绕组。

3. 单相电容运行异步电动机

将单相电容起动异步电动机中的起动开关去掉，并将起动绕组的导线加粗，由短时工作方式变成长期运行方式，这就组成了单相电容运行异步电动机，如图 3.9.6 所示。这时的起动绕组和电容器不仅在起动时起作用，运行时也起作用，这样可以提高电动机的功率因数和效率，所以这种电动机的工作性能最好。

单相电容运行异步电动机的电容器容量是根据运行性能确定的，容量较小，所以起动性能不如单相电容起动异步电动机好；但是由于这种电机不要起动开关，电容量小，结构简单，价格低，工作可靠，运行性能好，所以广泛应用于电风扇、洗衣机等单相用电设备中。

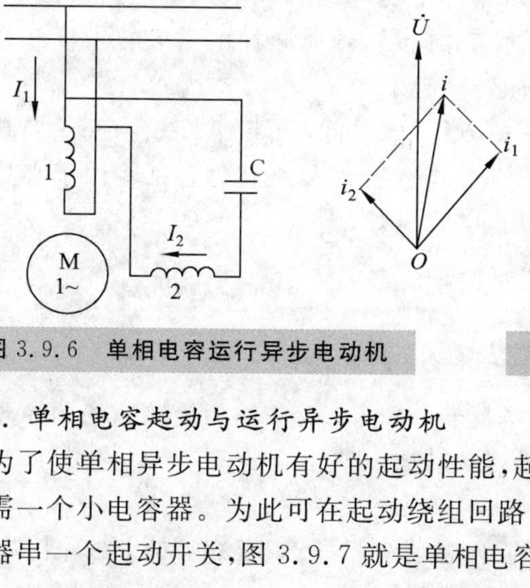

图 3.9.6 单相电容运行异步电动机

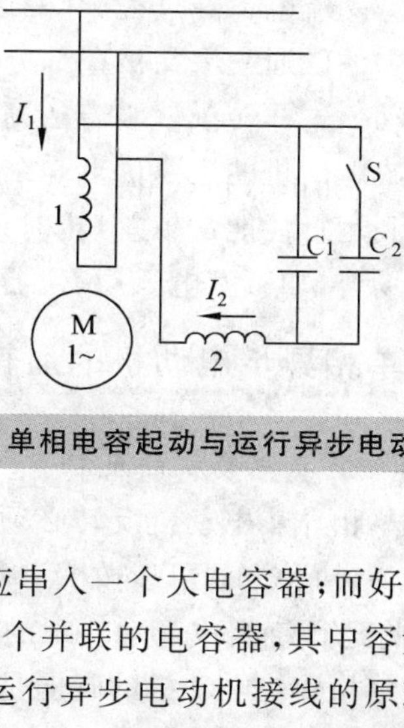

图 3.9.7 单相电容起动与运行异步电动机

4. 单相电容起动与运行异步电动机

为了使单相异步电动机有好的起动性能，起动绕组应串入一个大电容器；而好的运行性能只需一个小电容器。为此可在起动绕组回路中串入两个并联的电容器，其中容量较大的电容器串一个起动开关，图 3.9.7 就是单相电容起动与运行异步电动机接线的原理图。起动时，两个电容同时作用，电容量较大，电动机有较好的起动性能，当转速上升到一定程度时，开关自动断开，保留一个小电容器参与运行，确保运行时有较好的性能。由此可见，单相电容起动与运行异步电动机虽然结构复杂、成本较高，但各种性能是最好的，所以适用于空调、小型空压机等设备中。

5. 单相罩极式异步电动机

单相罩极式异步电动机是结构最简单的一种单相异步电动机。按磁极形式不同可分为凸极式和隐极式两种。凸极式按绕组形式又可分为集中绕组和分布绕组两种，转子都采用笼型结构，如图 3.9.8 所示。

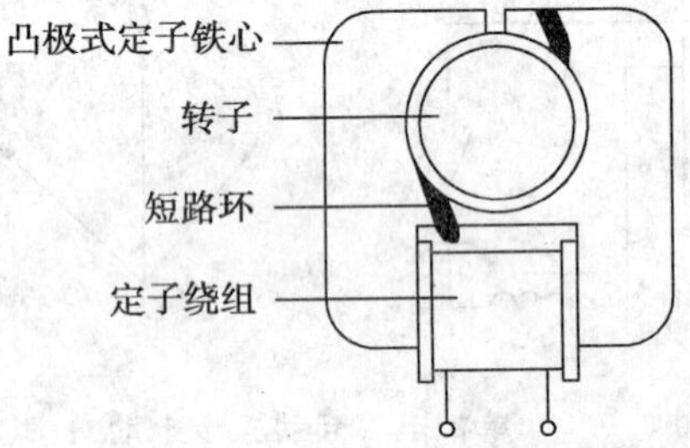

(a) 凸极式集中绕组罩极电动机

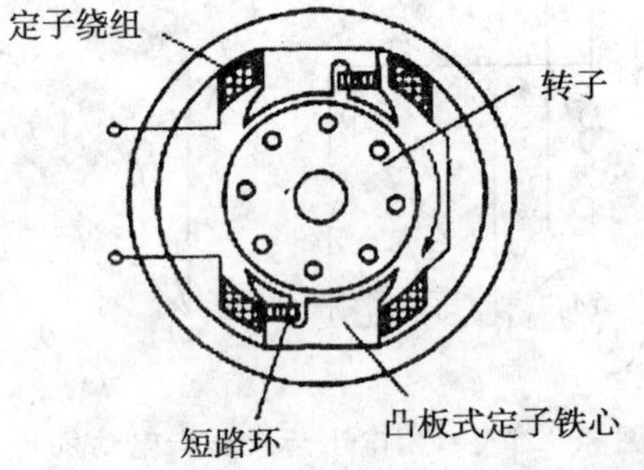

(b) 凸极式分布绕组罩极电动机

图 3.9.8 单相罩极式异步电动机的结构

单相罩极式异步电动机在每个磁极的 1/3～1/4 处开有小槽，将磁极分成两部分。在极面较小的那部分磁极上套装铜制短路环，就好像把这部分磁极罩起来一样。所以称罩极式电动机。

当罩极式电动机的定子绕组通入单相交流电后，在气隙中会形成一个连续移动的磁场，使笼型转子受力而旋转。在交流电上升过程中，磁通量增加，短路环中产生感应电动势和电流，阻止磁通进入短路环，这时的磁通主要集中在磁极的未罩部分。交流电达最大值时，电流和磁通量基本不变，短路环中的电动势和电流很小，基本上不起作用，磁通在整个磁极中均匀分布。交流电下降过程中，磁通量减少，短路环中的电动势和电流阻止磁通量减少，使每个磁极中的磁通集中在被罩部分。交流电改变方向后，磁通同样由磁极的未罩部分向被罩部分移动。这样转子就跟着磁场移动的方向转动起来。

罩极式电动机的主要优点是结构简单，制造方便，成本低，便于流水线生产；主要缺点是起动性能和运行性能都较差，转向只能由未罩部分向被罩部分旋转。它主要用于小功率空载起动的场合，如微型电风扇、仪器仪表的风扇、电吹风等。

3.9.4 单相异步电动机的反转与调速

1. 单相异步电动机的反转

要使单相异步电动机反转必须使旋转磁场反转，从图 3.9.3 两相旋转磁场的原理图中可以看出，有两种方法可以改变单相异步电动机的转向。

(1) 将运行绕组或起动绕组的首末端对调

因为单相异步电动机的转向是由运行绕组与起动绕组所产生磁场的相位差来决定的，

一般情况下，起动绕组中的电流超前于运行绕组的电流，从而起动绕组产生的磁场也超前于运行绕组，所以旋转磁场是由起动绕组的轴线转向运行绕组的轴线。如果把其中一个绕组反接，等于把这个绕组的磁场相位改变 180°，若原来起动绕组的磁场超前运行绕组 90°，则改接后变成滞后 90°，所以旋转磁场的方向也随之改变，转子跟着反转。这种方法一般用于不需要频繁反转的场合。

(2) 将电容器从一个绕组改接到另一个绕组

在单相电容运行异步电动机中，若两相绕组做成完全对称，即匝数相等，空间相位相差 90°电角度，则串联电容器的绕组中的电流超前于电压，而不串联电容器的那相绕组中的电流落后于电压。转向由串联电容器的绕组转向不串联电容器的绕组。电容器的位置改接后，旋转磁场和转子的转向自然跟着改变。用这种方法来改变转向，由于电路比较简单，所以用于需要频繁正反转的场合。洗衣机中常用的正反转控制电路如图 3.9.9 所示。

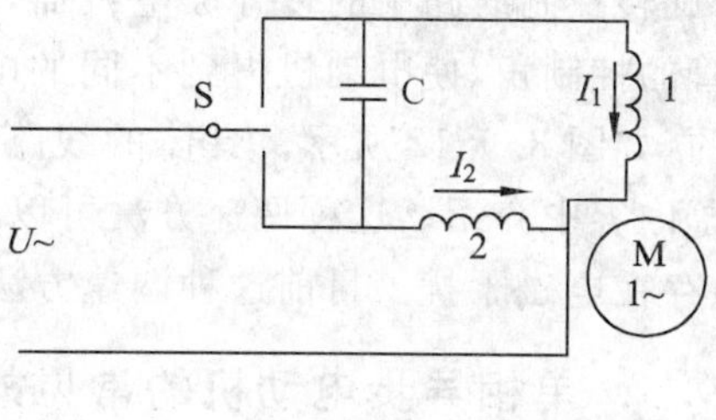

图 3.9.9 洗衣机正反转控制电路

单相罩极式电动机和带有离心开关的电动机，一般不能改变转向。

2. 单相异步电动机的调速

单相异步电动机与三相异步电动机一样，转速的调节也比较困难。如果采用变频调速则设备复杂，成本高。因此，一般只用简单的降压调速。

(1) 串电抗器调速

将电抗器与电动机定子绕组串联，利用电流在电抗器上产生的压降，使加到电动机定子绕组上的电压低于电源电压，从而达到降低电动机转速的目的。因此用串电抗器调速时电动机的转速只能由额定转速往低调。图 3.9.10 为吊扇串电抗器调速的电路图。改变电抗器的抽头连接可得到不同档次的转速。

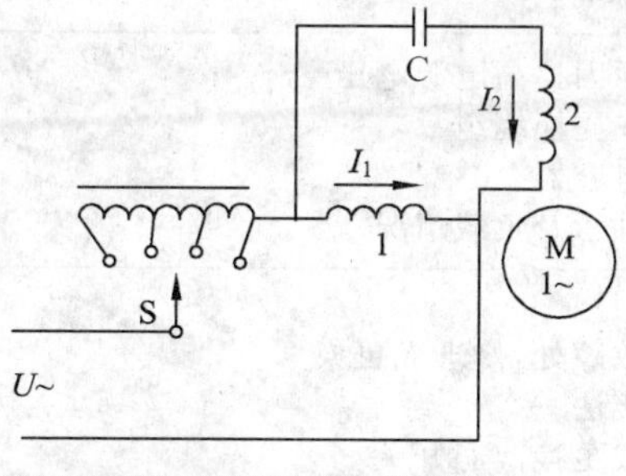

图 3.9.10 串电抗器调速

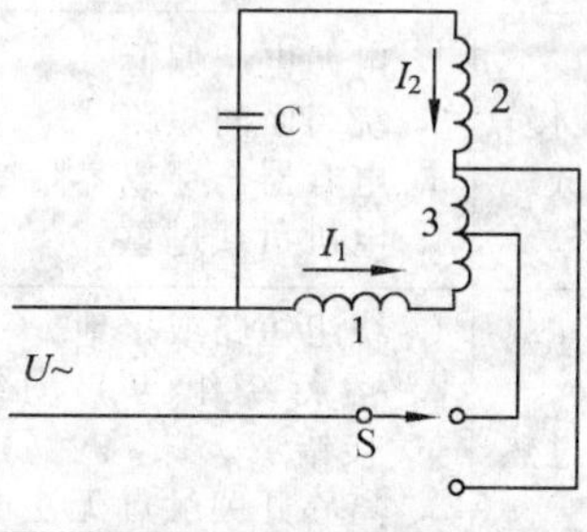

图 3.9.11 定子绕组抽头调速

(2) 定子绕组抽头调速

为了节约材料、降低成本，可把调速电抗器与定子绕组做成一体。由单相电容运行异步电动机组成的台扇和落地扇，普遍采用定子绕组抽头调速的方法。这种电动机的定子铁心槽中嵌放有运行绕组 1、起动绕组 2 和调速绕组 3，通过调速开关改变调速绕组与起动绕组及运行绕组的接线方法，从而达到改变电动机内部旋转磁场的强弱，实现调速的目的。图 3.9.11 是台扇抽头调速的原理图。

这种调速方法的优点是不需要电抗器、节省材料、耗电少；缺点是绕组嵌线和接线比较复杂，电动机与调速开关之间的连线较多，所以不适合于吊扇。

(3) 双向晶闸管调速

如果去掉电抗器，又不想增加定子绕组的复杂程度，单相异步电动机还可采用双向晶闸管调速。调速时，旋转控制线路中的带开关电位器，就能改变双向晶闸管的控制角，使电动机得到不同的电压，达到调速的目的，如图 3.9.12 所示。具体的线路和原理将在电力电子内容中介绍。这种调速方法可以实现无级调速，控制简单，效率较高；缺点是电压波形差，存在电磁干扰。目前这种调速方法常用于吊扇上。

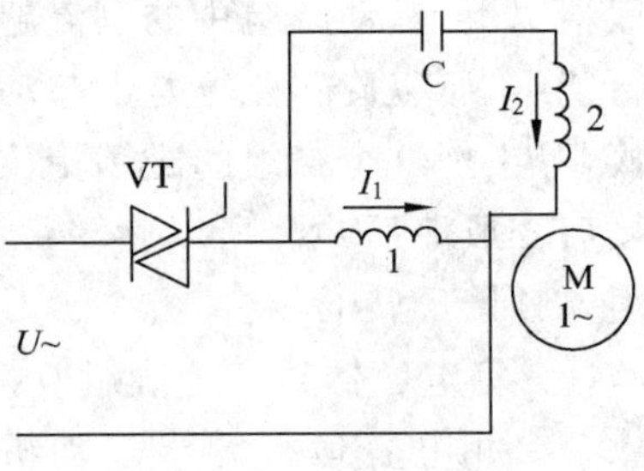

图 3.9.12 双向晶闸管调速

3.9.5 单相异步电动机的常见故障与处理

单相异步电动机的维护和三相异步电动机相似，要经常注意电动机转速是否正常，能否正常起动，温升是否过高，声音是否正常，振动是否过大，有无焦味等。

单相异步电动机的常见故障及处理方法如表 3.5 所示。

表 3.5 单相异步电动机常见故障及处理方法

故障现象	可能的故障原因	处理方法
无法起动	1. 电源电压不正常 2. 定子绕组断路 3. 电容器损坏 4. 离心开关触点接触不良 5. 转子卡住 6. 过载	1. 检查电源电压是否过低 2. 用万用表检查定子绕组是否完好，接线是否良好 3. 用万用表检查电容器的好坏 4. 修理或更换 5. 检查轴承是否灵活，定转子是否相碰，传动机构是否受阻 6. 检查所带负载是否正常
起动缓慢，转速过低	1. 电源电压偏低 2. 绕组匝间短路 3. 电容器击穿或容量减小 4. 电机负载过重	1. 找出原因提高电源电压 2. 修理或更换绕组 3. 更换电容器 4. 检查轴承及负载情况
电动机过热	1. 绕组短路或接地 2. 运行绕组与起动绕组相互接错 3. 离心开关触点无法断开，起动绕组长期运行	1. 找出故障处，修理或更换 2. 调换接法 3. 修理或更换离心开关
电动机噪声和振动过大	1. 绕组短路或接地 2. 轴承损坏或缺润滑油 3. 定子与转子的气隙中有杂物 4. 电风扇风叶变形	1. 找出故障点，修理或更换 2. 更换轴承或加润滑油 3. 清除杂物 4. 修理或更换

思考题与习题

1. 三相异步电动机有什么特点？

2. 简述三相异步电动机的结构。

3. 简述电动机型号 Y112S-2 的含义。

4. 说明三相异步电动机名称中“异步”、“感应”的含义。

5. 产生旋转磁场的条件是什么？旋转磁场的转向和转速由哪些因素决定？

6. 有一台三相四极异步电动机，电源频率为 50Hz，带额定负载运行时的转差率为 $s_N=0.03$，求电动机的同步转速 n_1 和额定转速 n_N。

7. 两台三相异步电动机的电源频率为 50Hz，额定转速分别为1 430r/min 和2 900 r/min，试问它们是几极电动机？额定转差率分别是多少？

8. 一台三相异步电动机 $P_N=30\text{kW}$，$U_N=380\text{V}$，$\cos\varphi=0.86$，$\eta=0.91$，试计算电动机的输入功率 P_1 和额定电流 I_N。

9. 某三相异步电动机的铭牌数据是：$P_N=2.8\text{kW}$、△/Y 接法、$U_N=220/380\text{V}$、$I_N=10.9/6.3\text{A}$、$n_N=1\,370\text{r/min}$、$f=50\text{Hz}$、$\cos\varphi=0.84$。试计算：(1) 额定效率 η；(2) 额定转矩 T_N；(3) 额定转差率 s_N；(4) 电动机的极数 $2p$。

10. 一台异步电动机的额定转速为1 470r/min，额定功率为 30kW，T_{st}/T_N 和 T_m/T_N 分别为 2.0 和 2.2，试大致画出它的机械特性。

11. 三相异步电动机既然有最大转矩 T_m，为什么不在 T_m 或接近 T_m 处运行？

12. 电源电压低于额定电压或超过额定电压时，对异步电动机的运行会产生什么不良后果？

13. 一台三相异步电动机，其电源频率为 50Hz，额定转速为1 430r/min，额定功率为 3kW，最大转矩为 40.07N·m，求电动机的过载能力 λ_m。

14. 一台要求经常起动的三相异步电动机，$P_N=20\text{kW}$，直接起动电流/额定电流＝6.5，供电变压器容量为 560kVA，问能否直接启动？

15. 某 10kW 的三相异步电动机的额定电压为 220/380V，电源电压为 380V，它能否用 Y/△起动法起动？为什么？

16. 什么叫三相异步电动机的降压起动？有哪几种常用的方法？各有何特点？

17. 大中容量的三相异步电动机轻载起动，可用哪些起动方法？

18. 三相异步电动机重载起动时，应采用什么方法？

19. 三相异步电动机有哪些调速方法？

20. 三相异步电动机变极调速的原理是什么？有什么注意事项？

21. 三相异步电动机变频调速时，为什么要保持 U_1/f_1 为常数？而 $f_1>f_N$ 时，为什么 U_1 不能升高？

22. 三相异步电动机有哪些电气制动方法？分别用于什么场合？

23. 单相电动机的机械特性有什么特点？

24. 单相异步电动机如何获得起动转矩？

25. 单相异步电动机可分哪些种类？分别用在什么场合？

26. 如何改变分相式单相异步电动机的旋转方向？罩极式单相异步电动机的旋转方向能否改变？为什么？

27. 单相异步电动机有哪些调速方法？

28. 电风扇振动过大的主要原因是什么？用久之后转速变慢，起动困难，可能是什么原因？

29. 三相异步电动机断了一根电源线后，为什么不能起动？而在运行时断了一根电源线，为什么仍能继续转动？转动情况如何？

技能训练三　三相异步电动机的起动和反转

一、训练目的

(1) 学习并掌握三相笼型异步电动机的常用起动方法。

(2) 熟悉三相异步电动机的反转方法。

(3) 粗略测量各种起动方法的起动电流大小。

二、仪器设备

三相异步电动机(0.55kW,380V,Y 接法)1 台;三相调压器(3kVA,380V/0～420V)1 台;交流电压表(300V/600V)1 块;交流电流表(5A/10A)1 块。

三、训练内容

1. 三相异步电动机的直接起动

按技训图 4 接线,经指导教师检查无误后进行如下操作:

(1) 断开开关 S_1、S_2、S_3;使调压器 TT 输出电压为零;选择电压表量程为 600V,电流表量程为 10A;串入电流表。

(2) 闭合 S_1 和 S_2,调节调压器,使其输出电压为 380V。

(3) 将 S_3 合向 Y 形联结方向,观察并记录起动过程中电流的最大值。

(4) 断开 S_3,待电动机停稳后,重复上述操作,再起动两次。将起动电流记入技训表 3 中,取三次起动电流的平均值作为该电动机的直接起动电流 I_{st}。

2. 三相异步电动机的 Y/△起动

电路如技训图 4 所示。

(1) 断开 S_1、S_2、S_3;调节调压器使输出电压为零;选择电压表量程为 300V,电流表量程为 10A;串入电流表。

(2) 闭合 S_1 和 S_2,调节调压器使其输出电压为 220V。

(3) 将 S_3 合向 Y 形联结方向,观察并记录起动过

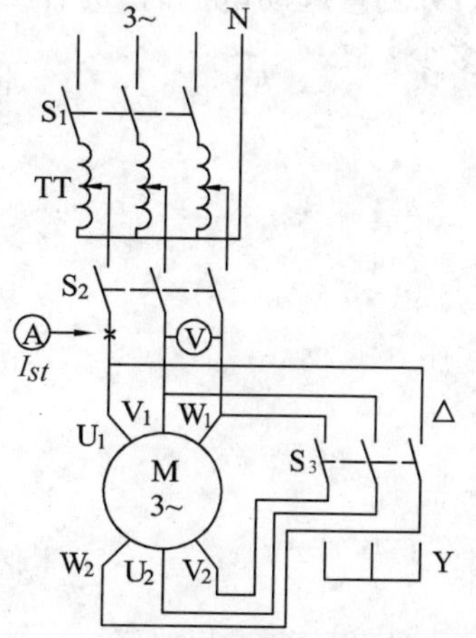

技训图 4　三相异步电动机起动电路

程中电流的最大值。

(4) 断开 S_3，待电动机停稳后，重复上述操作两次，将 Y 形联结起动电流记入技训表 4 中。

(5) 将 S_3 合向△形联结方向，观察并记录起动过程中电流的最大值。

(6) 断开 S_3，待电动机停稳后，重复上述操作两次，将△形联结起动电流记入技训表 4 中。

(7) 分别计算 Y 形联结和△形联结的平均起动电流 $I_{st(AV)}$ 及两者电流之比。

技训表 3　三相异步电动机直接起动

测量数据			计算数据
I_{st1}(A)	I_{st2}(A)	I_{st3}(A)	I_{st}(A)

技训表 4　三相异步电动机 Y/△起动

绕组接法	测量数据			计算数据	
	I_{st1}(A)	I_{st2}(A)	I_{st3}(A)	$I_{st(AV)}$	$I_{stY}/I_{st\triangle}$
Y					
△					

3. 三相异步电动机的反转

电路如技训图 4 所示。闭合 S_1 和 S_2，调节调压器使其输出电压为 220V。将 S_3 合向 Y 形联结方向，观察电动机的转向。然后断开 S_1，调换开关 S_2 出线端的任意两根电源线，重新闭合 S_1，观察电动机的转向是否改变。

四、分析与思考

(1) "380V，Y 联结"的异步电动机进行 Y/△起动时，为什么要将电源电压降至 220V？

(2) 测量起动电流时，为什么要记录电流表读数的最大值？Y/△起动电流之比的理论值为多少？

第4章 微特电机

随着现代科学技术的不断进步，在自动控制系统和电力拖动系统中除了使用一般的交直流电机以外，还有用作检测、放大、执行和计算等功能的各种各样的交直流电机，这类电机就称为微特电机。

微特电机广泛应用于工业自动化控制系统、交通运输以及我们的日常生活中。例如现代化数控加工系统中广泛应用的伺服电动机、步进电动机等；在磁悬浮高速铁路中应用的直线电动机及电动车使用的直流无刷电动机等。各种微特电机的作用并不相同，但基本上可划分为信号元件和功率元件两大类。凡是用来转换信号的称为信号元件，如把速度转换成电压信号的测速发电机等。凡是把电信号转换为输出功率的称为功率元件，如交直流伺服电动机、步进电动机等。

目前已生产使用的微特电机种类很多，近年来又研制出一些新型结构的电机，本章仅就几种常用的微特电机讨论其基本结构、基本工作原理及用途等。

4.1 伺服电动机

伺服电动机也称执行电动机，在自动控制系统中作为执行元件，其作用是把输入的电压信号变换成转轴的角位移或角速度输出。输入的电压信号称为控制电压，改变控制电压可以改变伺服电动机的转速及转向。

伺服电动机可分为交流伺服电动机和直流伺服电动机两大类。直流伺服电动机通常用在功率稍大的自动控制系统中，其输出功率一般为1～600W，也有的可达数千瓦。交流伺服电动机输出功率一般为0.1～100W，其中最常用的在30W以下。

伺服电动机种类多，用途广。自动控制系统对伺服电动机的基本要求有如下几点：

(1) 要有宽广的调速范围；

(2) 快速响应，灵敏度高；

(3) 具有线性的机械特性和调节特性；

(4) 无“自转现象”，即当控制电压为零时，电机应能迅速自动停转。

4.1.1 直流伺服电动机

直流伺服电动机实质上就是一台他励直流电动机。围绕改善伺服电动机的动态性能，近年来出现了许多新型结构的伺服电动机，如低惯量型圆盘电枢、杯形电枢、无槽电枢直流伺服电动机以及无刷直流伺服电动机等。

1. 分类、特点和用途

(1) 传统型直流伺服电动机

这种伺服电动机的结构和普通直流电动机基本相同。电枢铁心长而细，气隙较小。励磁方式有永磁式和电磁式两种。目前我国生产的SY系列直流伺服电动机就属于永磁式结构，SZ系列直流伺服电动机就属于电磁式结构。

(2) 无槽电枢直流伺服电动机

无槽电枢直流伺服电动机又称表面绕组电枢直流伺服电动机。这种电动机与普通电动机在结构上的不同之处在于电枢的铁心表面无槽，电枢绕组直接用环氧树脂粘接在光滑的铁心表面上(故称为表面绕组)，并用玻璃丝带加固，使电枢绕组与铁心成为一个坚实的整体。由于转子采用无槽结构，电枢绕组均匀分布在铁心表面上，大大缩小了电枢直径，减小了转子的转动惯量。无槽电枢直流伺服电动机具有以下优点：转子转动惯量小，是普通电机的1/10；电磁时间常数小，反应快；过载能力强，最大转矩可比额定转矩大10倍；低速性能好，转矩波动小；调速范围大，可达数千比一。但是，作为自控系统的执行元件，无槽电枢直流伺服电动机这类小惯量高速电动机也存在一些缺点，例如：由于转速很高，往往需要减速器；气隙较大，效率低；惯量小，热容量也较小，过载时间不能太长；为了解决散热问题，多用强迫风冷，因而体积、重量、噪声都较大。

无槽电枢直流伺服电动机是一种大功率直流伺服电动机，主要用于需要快速动作、功率较大的伺服系统中，如雷达天线的驱动，自行火炮、导弹发射架驱动，计算机外围设备及数控机床等。

(3) 空心杯电枢直流伺服电动机

无槽电枢直流伺服电动机由于存在电枢铁心，故在实现快速动作的电子设备中，还嫌它的转动惯量太大。空心杯电枢直流伺服电动机则是一种转动惯量更小的直流伺服电动机，人们称之为“超低惯量伺服电动机”。

空心杯电枢直流伺服电动机的性能特点是：超低转动惯量，由于转子无铁心，且壁薄而细长，其转动惯量很小，起动时间可达1ms以下；灵敏度高，快速性能好，速度调节方便，其始动电压在100mV以下，可完成每秒钟250个起—停循环；损耗小，效率高，因转子中无磁滞和涡流造成的损耗，故其效率可达80%或更高；转矩波动小，低速运转平稳，噪声很小；换向性能好，由于转子无铁心，电枢电感很小，因此几乎不产生火花，大大提高了使用寿命。

空心杯形电枢直流伺服电动机在国外已系列化生产，输出功率从零点几瓦到几千瓦，多用于高精度的伺服系统及测量装置等设备中，如电视摄像机、各种录音机、X—Y函数记录仪、数控机床等机电一体化设备中。目前，国产空心杯电枢直流伺服电机多用于仪表伺服系统。

(4) 低速大扭矩宽调速电动机

低速大扭矩宽调速电动机是在过去军用低速力矩电动机经验的基础上发展起来的一种新型电动机。相对于前面的小惯量电动机而言，大扭矩宽调速电动机具有下列特点：高的转矩—转动惯量比，从而提供了极高的加速度和快速响应；高的热容量，使电机在自然冷却全封闭的条件下，仍能长时间过载；电刷材料好，且接触面积大，使电动机有良好的换向性能；电动机采用耐高温的H级绝缘材料，且具有足够的机械强度，因此寿命长，可靠性高。

由于大扭矩宽调速电动机具有许多优点，近年来，在高精度数控机床和工业机器人伺服系统中获得了愈来愈广泛的应用。

2. 结构和工作原理

目前在数控机床进给驱动中采用的直流电动机主要是20世纪70年代研制成功的大惯量宽调速直流伺服电动机。这种电动机分为电励磁和永久磁铁励磁两种,但占主导地位的是永磁式直流伺服电动机。

(1) 直流伺服电动机基本结构

图4.1.1所示为永磁式宽调速直流伺服电动机的基本结构。该电动机又称直流力矩电机或大惯量宽调速电动机,其定子磁极是个永久磁体。这种磁体一般采用铝镍钴合金、铁氧体、稀土钴等材料,在较高的磁通密度下保持性能稳定,可以产生极大的峰值转矩。这种电机的调速范围宽。所谓大惯量电机是在维持一般直流电动机转动惯量的前提下,用尽量提高转矩的方法改善其动态特性。它既具有一般直流电动机便于调速、机械性能较好的优点,又具有小惯量直流电动机的快速响应性能。

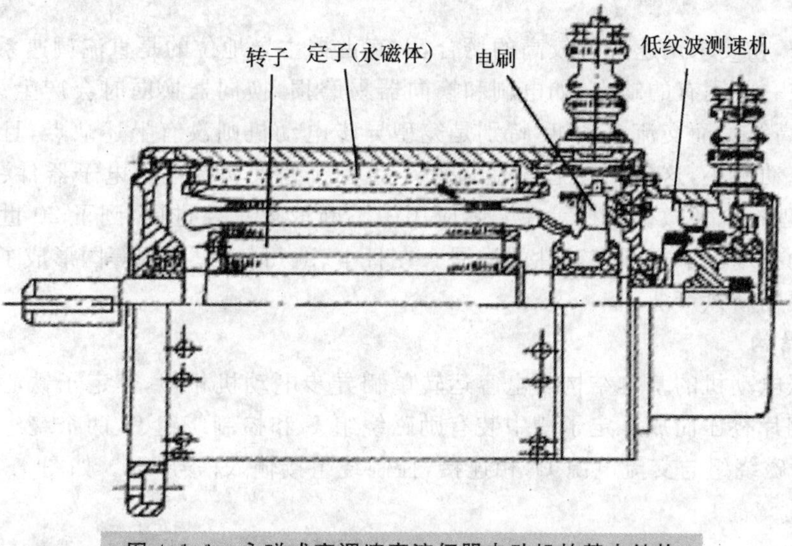

图4.1.1 永磁式宽调速直流伺服电动机的基本结构

(2) 直流伺服电动机工作原理

直流伺服电机的工作原理与普通小型他励直流电动机相同,其转速由信号电压控制。信号电压若加在电枢绕组两端,称为电枢控制;若加在励磁绕组两端,则称为磁场控制。由于电枢控制的直流伺服电机具有机械特性线性度好、精度高、响应速度快等优点,所以在工程上多采用电枢控制方式。直流伺服电机的机械特性方程式与他励直流电动机一样:

$$n=\frac{U}{C_e\Phi}-\frac{R_a}{C_eC_T\Phi^2}T=n_0-\beta T$$

采用电枢控制时,U为控制信号电压,Φ为常数。图4.1.2(a)为电枢控制式直流伺服电机的接线原理图,当电枢电压(即信号电压)U改变时,可得一组平行的机械特性,如图4.1.2(b)所示。从机械特性可以看出,负载转矩一定即电磁转矩一定时,转速与控制信号电压成正比。当控制信号电压消失时,电动机工作在能耗制动状态,能迅速停转。对应不同的负载转矩,电动机开始转动的电压也不等。显然,负载转矩越大,始动电压也越大。在低于始动电压的区间,电动机转不起来,这称为失灵区或死区。

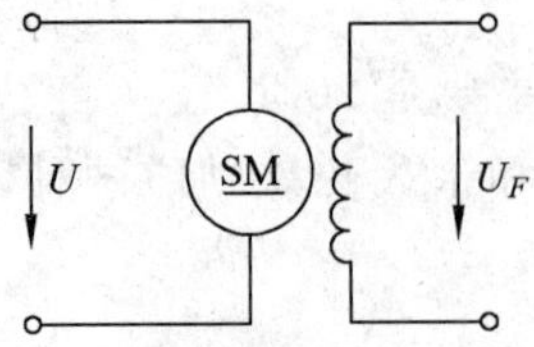

(a) 电枢控制接线原理图

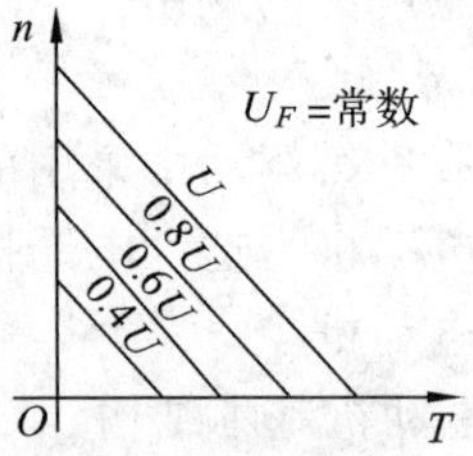

(b) 电枢控制机械特性

图 4.1.2 直流伺服电动机的电路与机械特性

直流伺服电动机的优点是具有线性的机械特性,起动转矩大,调速范围大;缺点是电刷与换向器之间的火花会产生电磁干扰,需要定期更换电刷,维护换向器。

4.1.2 交流伺服电动机

长期以来,在要求调速性能较高的场合,一直占据主导地位的是直流调速系统。但直流电动机都存在一些固有的缺点,如电刷和换向器易磨损,换向器换向时会产生火花,结构复杂,制造成本高等。而交流电动机,特别是笼型异步电动机则没有上述缺点,且其转子转动惯量较直流电动机小,这使得动态响应更好。随着新型大功率电力电子器件、新型变频技术、现代控制理论以及微机数控等在实际应用中不断取得重要进展,到了 20 世纪 80 年代,交流伺服驱动技术已取得了突破性的进展。在日本、欧洲各国、美国等国形成了一个生产交流伺服电动机的新兴产业。

1. **基本结构**

交流伺服电动机的基本结构与电容运转单相异步电动机相似,其定子铁心也是由冲有齿和槽的硅钢片叠压而成。定子槽中装有励磁绕组 F 和控制绕组 C,两个绕组在空间互差 90°电角度,励磁绕组与交流电源 U_F 相连接,控制绕组接输入信号 U_C。如图 4.1.3 所示。

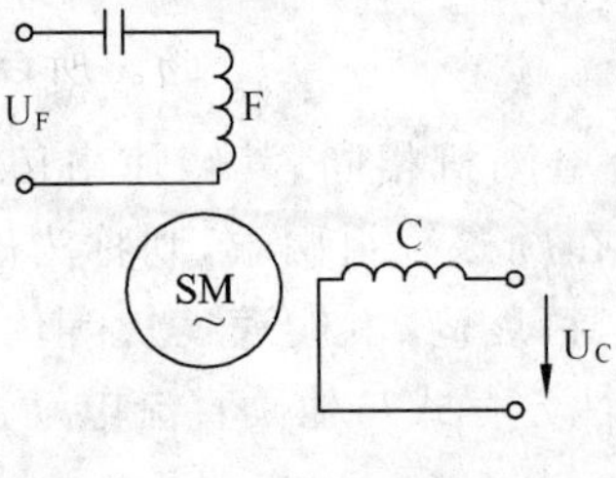

图 4.1.3 交流伺服电动机

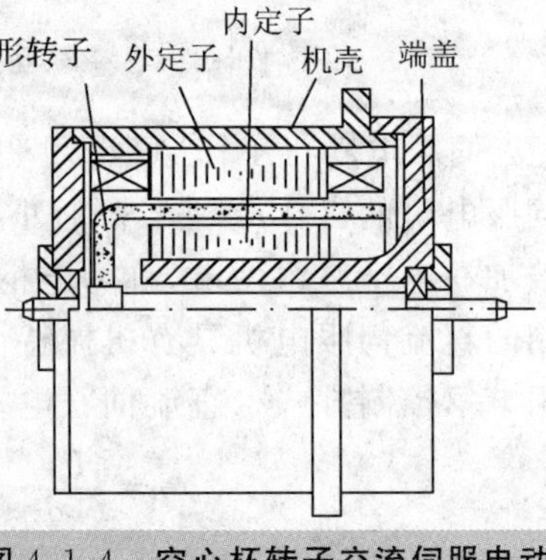

图 4.1.4 空心杯转子交流伺服电动机

交流伺服电动机的转子通常做成笼型,但转子导体的电阻比一般的异步电动机大得多,因此其起动电流较小而起动转矩较大。为了使伺服电动机对输入信号有较高的灵敏度,必须尽量减小转子的转动惯量,所以转子一般做得细而长。近年来,为了进一步提高伺服电动机的快速反应性,采用如图 4.1.4 所示的空心杯形转子。这种结构的伺服电动机的定子分内外两个部分,均用硅钢片叠成。在外定子上装有空间上互差 90°电角度的两相绕组,而内定子铁心只用来构成闭合磁路，以减小磁阻。在内外定子之间有一个细长的杯形转子，杯子底部固定在转轴上。杯形转子由非磁性材料（青铜或铝合金）制成，壁厚只有0.3mm左右。杯形转子的优点是转子非常轻，转动惯量很小，能非常迅速和灵敏地起动、调速和停止，缺点是气隙较大，因此空载励磁电流大，功率因数和效率较低。

2. 工作原理

交流伺服电动机的工作原理与单相电容运行异步电动机相似。没有控制信号时，定子内只有励磁绕组产生的脉动磁场。电动机的电磁转矩为零，转子不动。若在控制绕组中加一个控制信号后，就会在气隙中产生一个旋转磁场，并产生电磁转矩使转子沿旋转磁场的方向转动。如果转子的参数（主要是 R_2）设计得与单相异步电动机一样，则当控制信号消失后，电动机继续转动，这样电动机就失去了控制，伺服电动机的这种失控而继续旋转的现象称为"自转"。"自转"现象显然不符合伺服电动机的可控性要求，必须加以克服。克服"自转"现象的方法是增大转子电阻。

从单相异步电动机的工作原理可知，当励磁绕组单独通电时，其机械特性由正向旋转磁场产生的正向机械特性 $n=f(T^{+})$ 和反向旋转磁场产生的反向机械特性 $n=f(T^{-})$ 叠加而成，当转子电阻足够大时，正反向机械特性的临界转差率均大于1，如图4.1.5所示。其合成机械特性 $n=f(T)$ 在第Ⅱ、Ⅳ象限，电磁转矩是制动性质的，相当于能耗制动。因此，当控制信号消失后，只有励磁绕组单独通电时，不论原来转向如何，总会受到制动转矩的作用，使电动机迅速停转。

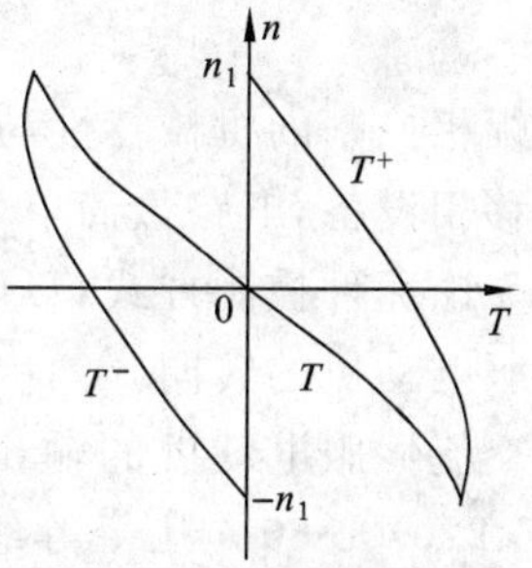

图4.1.5 克服"自转"的机械特性

控制绕组中加不同的信号电压时，气隙中会产生椭圆形旋转磁场，甚至圆形绕转磁场，从而得到不同的转速。

3. 控制方法

交流伺服电动机的励磁绕组通常都设计成对称的，当控制信号电压 U_C 与励磁电压 U_F 也对称时，两相绕组产生圆形旋转磁场，电动机转速最高。如果控制信号电压 U_C 与励磁电压 U_F 的幅值不等或相位差不是90°电角度，则产生椭圆形的旋转磁场。所以改变控制电压 U_C 的大小和相位就可以改变旋转磁场的椭圆度，从而控制伺服电动机的转矩和转速。具体的控制方法有三种：

（1）幅值控制

保持控制信号电压 U_C 的相位不变，始终与励磁电压 U_F 相差90°电角度，通过改变 U_C 的幅值来控制伺服电动机的转速。

通常用信号系数 α 来反映控制信号电压 U_C 的大小。

$$\alpha=\frac{U_C}{U_F} \tag{4-1}$$

显然，α 从 0→1 变化时，气隙磁场从脉振磁场→椭圆形旋转磁场→圆形旋转磁场变化，电动机的转速越来越高。

交流伺服电动机采用幅值控制，不同 α 时的机械特性如图4.1.6所示。当电磁转矩 T 一定时，α 越大，转速 n 越高；当转速 n 一定时，α 越大，对应的电磁转矩 T 越大。

(2) 相位控制

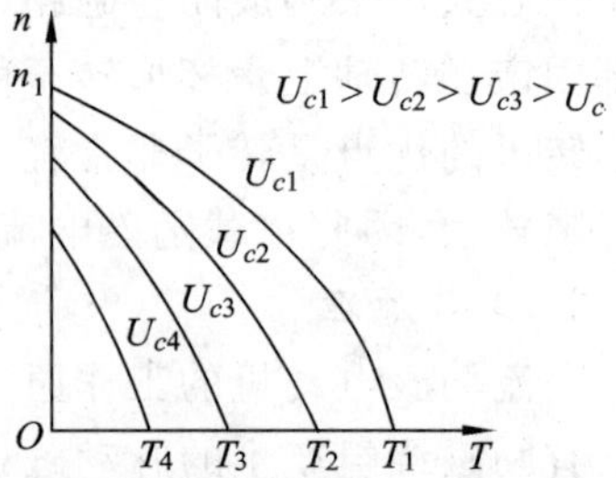

图 4.1.6 幅值控制的机械特性

保持控制信号电压U_C的幅值不变,通过移相器改变与U_F的相位差来控制电动机的转速。设$U_C=U_F$,相位差为β。显然$\beta=0$时,气隙磁场为脉振磁场;$\beta=90°$时,气隙磁场为圆形旋转磁场。所以相位控制时的信号系数α为

$$\alpha=\sin\beta \tag{4-2}$$

相位控制时的机械特性与幅值控制相似,但线性度要好一些。

(3) 幅相控制

同时改变控制信号电压U_C的幅值和相位,使信号系数α发生变化,从而控制电动机的转速。此时的信号系数α为

$$\alpha=\frac{U_C}{U_F}\sin\beta \tag{4-3}$$

幅相控制的机械特性与幅值控制时相似,但线性度要差一些。由于幅相控制不需要专门的移相设备,电路最简单,所以实际应用较多。

无论那种控制方式,只要将控制信号电压的相位改变180°电角度(反相),即可改变交流伺服电动机的转向。

交流伺服电动机的输出功率一般在100W以下。电源频率为50Hz时,电压有36V、110V、220V、380V几个等级。电源频率为400Hz时,电压有20V、36V、115V几个等级。交流伺服电动机运行平稳,噪音小,但控制特性的线性度较差。由于转子电阻大,所以损耗大,效率低,因此只适合于100W以下的小功率控制系统中。

4.2 测速发电机

测速发电机是一种反映转速的信号元件,它的作用是将输入的机械转速变换成电压信号输出,这就要求发电机的输出电压与转速成正比关系,其输出电压可用下式表示:

$$U=Kn$$

在自动控制系统和计算装置中测速发电机主要用作测速元件、阻尼元件(或校正元件)、解算元件和角加速信号元件。

自动控制系统对测速发电机的要求是:测速发电机的输出电压与转速保持严格的线性关系,且不随外界条件(如温度等)的改变而发生变化;电机的转动惯量要小,以保证反应迅速;电机的灵敏度要高,即测速发电机的输出电压对转速的变化反应灵敏,也就是要求测速发电机的输出特性斜率要大。

测速发电机主要有以下两类:

(1) 直流测速发电机。可分为永磁式直流测速发电机和电磁式直流测速发电机两类。国产永磁式直流测速发电机的产品型号为CY,电磁式直流测速发电机的产品型号为CD。

(2) 交流测速发电机。可分为同步测速发电机和异步测速发电机两类。国产同步测速

发电机的产品型号为CG(感应子式),异步测速发电机的型号有CK(空心杯转子)和CL(笼型转子)。

近年来还出现了采用新原理、新结构研制成的霍尔效应测速发电机等。下面仅就常用的直流测速发电机和交流异步测速发电机作简要介绍。

4.2.1 直流测速发电机

1. 基本结构

直流测速发电机的结构与普通小型直流发电机相同,按励磁方式可分为他励式和永磁式两种。他励式不但结构复杂,而且励磁绕组的电阻会随温度而变化,引起测量误差,而永磁式测速发电机结构简单,不需励磁电源,因此应用较为广泛。

2. 工作原理

直流测速发电机的工作原理与一般直流发电机没有区别,其原理如图4.2.1所示。在恒定磁场中,主磁极产生的磁通Φ基本不变,电枢以转速n旋转时,电枢上的导体切割磁通Φ,于是就在电刷间产生感应电动势E,其大小与转速成正比。

$$E=C_e\Phi n=C_1 n$$

当测速发电机接上负载R_L时输出电压为

$$U=E-I_aR_a=E-\frac{U}{R_L}R_a$$

$$U=\frac{R_L}{R_a+R_L}E=\frac{R_LC_1}{R_a+R_L}n=C_2 n \tag{4-4}$$

由上式可知:直流测速发电机的输出电压与转速成正比,转向改变将引起输出电压极性的改变。

空载时,$R_L\to\infty$,$U=E$,输出特性$U=f(n)$的关系为一条直线。带上负载后,R_L越小,输出特性的斜率越小。在R_L较小或转速过高时,I_a较大,电枢电流的去磁作用使输出电压下降,从而破坏了输出特性$U=f(n)$的线性关系,如图4.2.2所示。在测速发电机的技术数据中,提供了最小负载电阻和最高转速的限制,使用时必须加以注意。

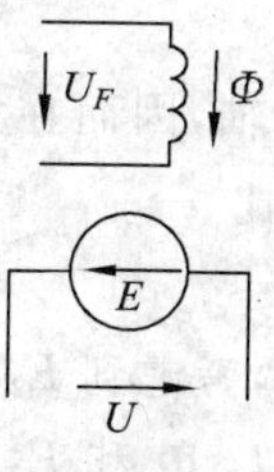

图4.2.1 直流测速发电机工作原理

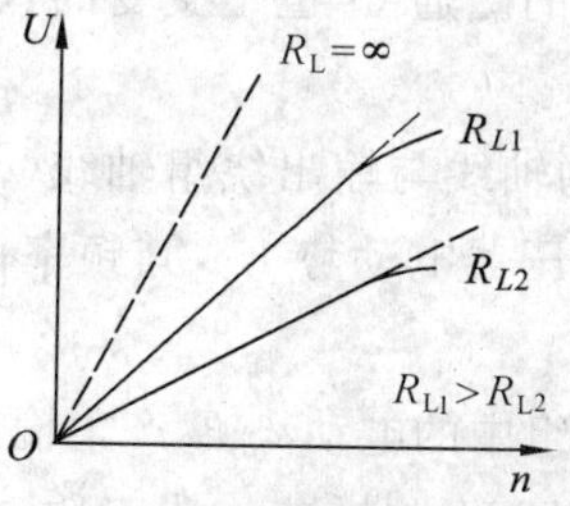

图4.2.2 直流测速发电机的输出特性

直流测速发电机由于存在电刷和换向器,难免会出现火花,所以有电磁干扰现象。电刷容易磨损,须定期更换,维护工作量大,工作可靠性差。这些缺点使得直流测速发电机的应用和发展受到限制。近年来无刷直流测速发电机的发展,改善了它的性能,提高了可靠性,使直流测速发电机又获得了广泛的应用。

4.2.2 交流测速发电机

1. 基本结构

在自动控制系统中，目前应用的交流测速发电机主要是空心杯形转子异步测速发电机。其结构与杯形转子交流伺服电动机相似，转子是一个薄壁非磁性杯（杯厚为 0.2～0.3mm），通常用高电阻率的硅锰青铜或铝锌青铜制成。定子的两相绕组在空间位置上互差 90°电角度，其中一相作为励磁绕组，外施稳频稳压的交流电源励磁；另一相作为输出绕组，其两端的电压即为测速发电机的输出电压 U_2，如图 4.2.3 所示。

2. 工作原理

当测速发电机的励磁绕组 N_1 外加电压 U_1 时，便有电流 I_1 流过绕组，在电机气隙中沿励磁绕组轴线（d 轴）产生交变频率为 f_1 的脉动磁通 Φ_d。

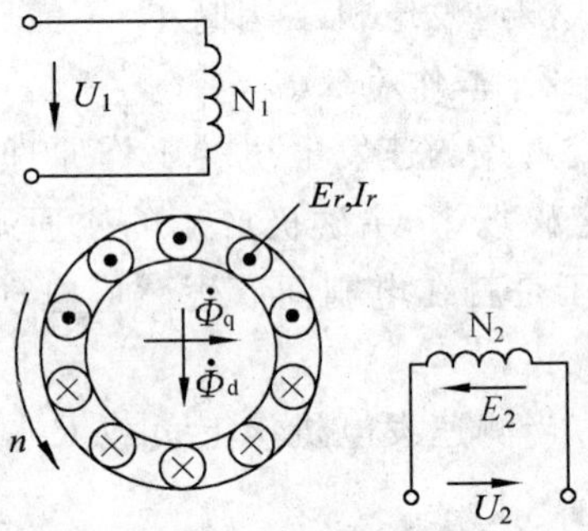

图 4.2.3 交流测速发电机工作原理

转子不动时，d 轴的脉动磁通只能在空心杯转子中感应出变压器电动势。由于转子是闭合的，这一变压器电动势将产生转子电流。此电流所产生的磁通与励磁绕组产生的磁通在同一轴线上，阻碍 Φ_1 的变化，所以合成磁通仍为沿 d 轴的磁通 Φ_d，而输出绕组的轴线与励磁绕组轴线空间位置相差 90°电角度，它与 d 轴磁通没有耦合关系，故不产生感应电动势，输出电压为零。

转子转动后，转子绕组中除了感应出变压器电动势外，由于转子导体切割磁通 Φ_d，因此转子绕组中还感应出旋转电动势 E_r，其有效值与 Φ_d 和 n 成正比

$$E_r \propto \Phi_d n$$

由于 Φ_d 按频率 f_1 交变，所以 E_r 也按频率 f_1 交变。在 E_r 的作用下，转子中将有电流 I_r 流过。按给定的转子转动方向，用右手定则可判定杯形转子中电流 I_r 的方向（见图 4.2.3）。由 I_r 所产生的磁通 Φ_q 也是交变的，Φ_q 的大小与 I_r 也就是与 E_r 的大小成正比

$$\Phi_q \propto E_r$$

而 Φ_q 的轴线与输出绕组轴线（q 轴）重合，由于 Φ_q 作用在 q 轴，因而在定子的输出绕组中感应出变压器电动势 E_2，其频率仍为 f_1，而有效值与 Φ_q 成正比

$$E_2 \propto \Phi_q$$

输出绕组中的电动势 E_2 产生输出电压 U_2，空载时，两者相等，考虑到 $E_2 \propto \Phi_q \propto E_r \propto \Phi_d n$，所以输出电压 U_2 与转速 n 成正比。交流测速发电机中，Φ_d、E_r、I_r、Φ_q 和 E_2 均以励磁电源的频率 f_1 交变，此频率与转速高低无关，如果转向改变，则 E_r、I_r、Φ_q 和 E_2 都反相。由上述电磁关系可得：

$$U_2 \approx E_2 \propto \Phi_q \propto I_r \propto E_r \propto \Phi_d n$$

$$f_2 = f_1$$

综合上述分析可知：交流测速发电机的输出电压 U_2 与转速 n 成正比，输出频率 f_2 等于励磁电源频率 f_1；转向改变时，输出电压的相位变化 180°电角度。

空心杯形转子交流异步测速发电机，具有结构简单、工作可靠等优点，是目前较为理想的测速元件。我国生产的空心杯形转子交流测速发电机，频率有 50Hz 和 400Hz 两种，电压等级有 36V、110V 等。

4.3 步进电动机

步进电动机是一种用电脉冲信号进行控制，并将电脉冲信号转换成相应的角位移或直线位移的执行器。说得通俗一点，就是给一个脉冲信号，步进电动机就转动一个角度或前进一步。因此这种电动机也称为脉冲电动机。

步进电动机其角位移量与电脉冲数成正比，其转速与电脉冲频率成正比，通过改变脉冲频率可以调节电动机的转速。如果停机后某些绕组仍保持通电状态，则还具有自锁能力。步进电动机每转一周都有固定的步数，从理论上说其步距误差不会积累。步进电动机的最大缺点是在重负载和高速的情况下，容易发生失步。

近年来发展起来的恒流斩波驱动、PWM 驱动、微步驱动、超微步驱动及其综合运用，使得步进电机的高频出力得到很大提高，低频振荡得到显著改善，特别是随着智能超微步驱动技术的发展，必将把步进电动机的性能提高到一个新的水平。它将以极佳的性能价格比，获得更为广泛的应用，在许多领域将取代直流伺服电动机及其相应的伺服系统。

步进电动机种类很多，目前用于数控机床驱动的步进电动机主要有两类：反应式步进电动机和混合式步进电动机，反应式步进电动机也称为磁阻式步进电动机。下面就这两类步进电动机作进一步讨论。

4.3.1 反应式步进电动机

图 4.3.1 所示为一台三相反应式步进电动机的工作原理图。它的定子上有 6 个极，每个极上都装有控制绕组，每两个相对的极组成一相。转子是四个均匀分布的齿，上面没有绕组。当 A 相绕组通电时，因磁通总是沿着磁阻最小的路径闭合，将使转子齿 1、3 与定子极 A、A′对齐，如图 4.3.1 (a)所示。A 相断电，B 相绕组通电时，转子将在空间转过 θ_S 角度，$\theta_S=30°$，使转子齿 2、4 与定子极 B、B′对齐，如图 4.3.1 (b)所示。如果再使 B 相断电，C 相绕

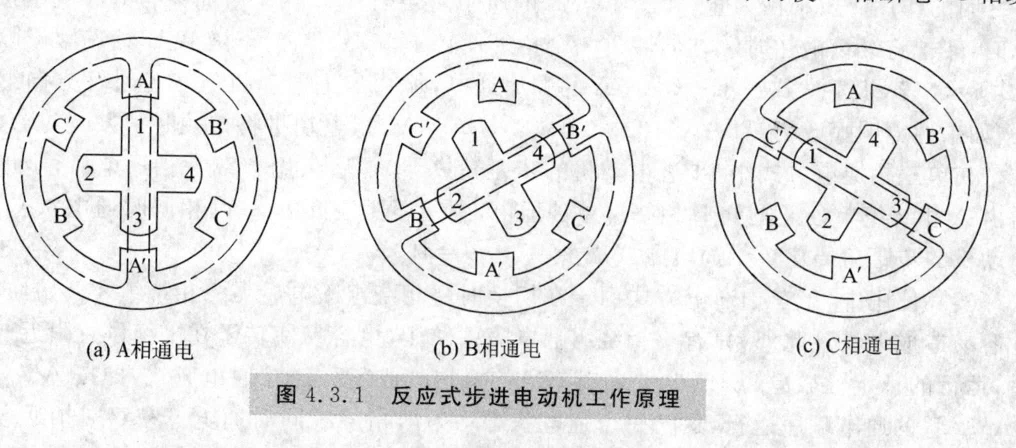

(a) A相通电　(b) B相通电　(c) C相通电

图 4.3.1　反应式步进电动机工作原理

组通电时，转子又将在空间转过 30°，使转子齿 1、3 与定子极 C、C′对齐，如图 4.3.1 (c)所示。如此循环往复，并按 A—B—C—A 的顺序通电，电动机便按一定的方向转动。电动机的转速直接取决于绕组与电源接通或断开的变化频率。若按 A—C—B—A 的顺序通电，则电动机反转。电动机绕组与电源的接通或断开，通常是由数字逻辑电路来控制的。

电动机定子绕组每改变一次通电方式，称为一拍。电动机转子每一拍转过的空间角度称为步距角 θ_S。上述通电方式称为三相单三拍。“单”是指每次通电时，只有一相绕组通电；“三拍”是指经过三次切换绕组的通电状态为一个循环，第四拍通电时就重复第一拍通电的情况。显然，在这种通电方式时，步进电动机的步距角 θ_S 应为 30°。

三相步进电动机除了单三拍通电方式外，还经常工作在三相单双六拍通电方式。这时的通电顺序为 A—AB—B—BC—C—CA—A，或为 A—AC—C—CB—B—BA—A。也就是说，先接通 A 相绕组；以后再同时接通 A、B 相绕组；然后断开 A 相绕组，使 B 相绕组单独接通；再同时接通 B、C 相绕组，依此类推。在这种通电方式时，定子三相绕组需经过六次切换才能完成一个循环，故称为“六拍”，而且在通电时，有时是单个绕组接通，有时又为两个绕组同时接通，因此称为“三相单双六拍”。

在这种通电方式下，步进电动机的步距角与单三拍时的情况有所不同，参见图 4.3.2。

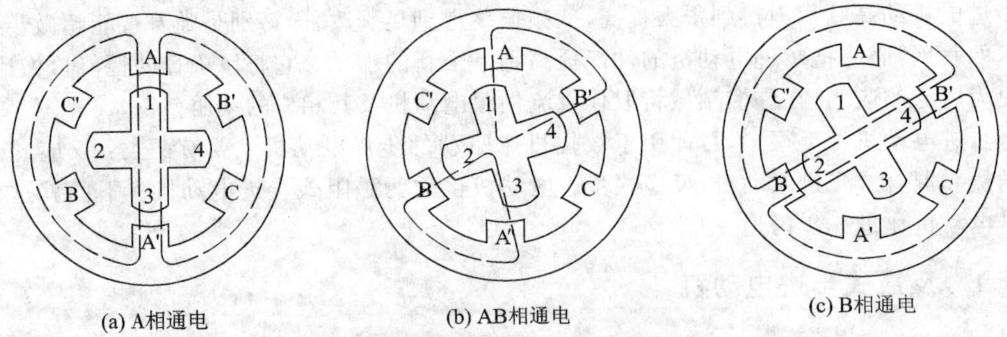

图 4.3.2 单双六拍工作示意图

当 A 相绕组通电时，和单三拍运行的情况相同，转子齿 1、3 与定子极 A、A′对齐，如图 4.3.2(a)所示。当 A、B 相绕组同时通电时，转子齿 2、4 又将在定子极 B、B′的吸引下，使转子沿逆时针方向转动，直至转子齿 1、3 与定子 A、A′之间的作用力被转子齿 2、4 与定子 B、B′之间的作用力所平衡为止，如图 4.3.2(b)所示。当断开 A 相绕组而只有 B 相绕组接通电源时，转子将继续沿逆时针方向转过一个角度使转子齿 2、4 与定子极 B、B′对齐，如图 4.3.2 (c)所示。若继续按 BC—C—CA—A 的顺序通电，那么步进电动机就按逆时针方向继续转动，如果通电顺序改为 A—AC—C—CB—B—BA—A 时，电动机将按顺时针方向转动。

在单三拍通电方式中，步进电动机的步距角 $\theta_S=30°$。采用单双六拍通电后，步进电动机由 A 相绕组单独通电到 B 相绕组单独通电，中间还要经过 A、B 两相同时通电状态，步进电动机的步距角要比单拍通电方式减少一半，$\theta_S=15°$。

实际使用中，单三拍通电方式由于在切换时一相绕组断电后另一相绕组才开始通电，因此容易造成失步。此外，只有一相绕组通电吸引转子，也容易使转子在平衡位置附近产生振荡，运行的稳定性较差，所以很少采用。通常将它改成“双三拍”通电方式，即按 AB—BC—CA—AB 的通电顺序运行，这时每个通电状态均为两相绕组同时通电。在双三拍通电方式下，步进电动机的转子位置与单双六拍通电方式时两个绕组同时通电的情况相同。所以步进电动机按双三拍通电方式运行时，它的步距角与单三拍通电方式相同，也是 30°。

上述这种简单结构的反应式步进电动机的步距角较大，如在数控机床中应用就会使加工工件的精度不高。实际中采用的是小步距角的步进电动机。图 4.3.3 所示的结构是最常见的一种小步距角的三相反应式步进电动机。它的定子上有 6 个极，上面装有绕组并接成 A、B、C 三相。转子上均匀分布着 40 个齿，定子每段极弧上也各有 5 个齿，定、转子的齿宽和齿距都相同。当 A 相绕组通电时，电动机中产生沿 A 极轴线方向的磁场，因磁通要按磁阻最小的路径闭合，使转子受到反应转矩的作用而转动，直到转子齿和定子 A 极上的齿对齐为止。因转子上共有 40 个齿，每个齿的齿距应为 360°/40=9°，而每个定子磁极的极距为 360°/6=60°，所以每一个极距所占的齿距数不是整数。

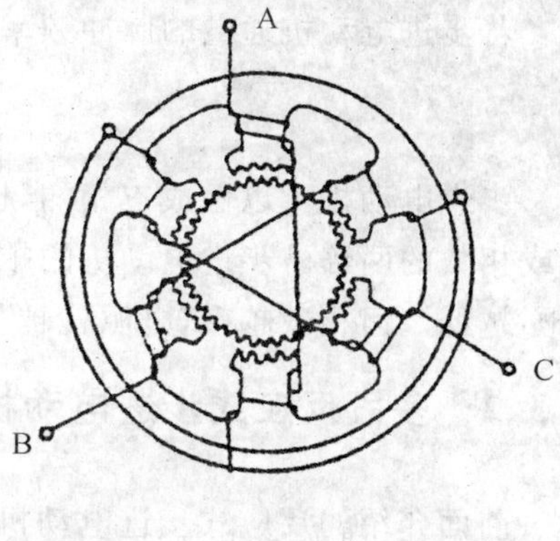

图 4.3.3 小步距角步进电动机

图 4.3.4 所示为步进电动机的展开图。其中定子有 6 个极，转子有 40 个齿。当 A 极下的定、转子齿对齐时，B 极和 C 极下的齿就分别和转子齿相错三分之一的转子齿距。

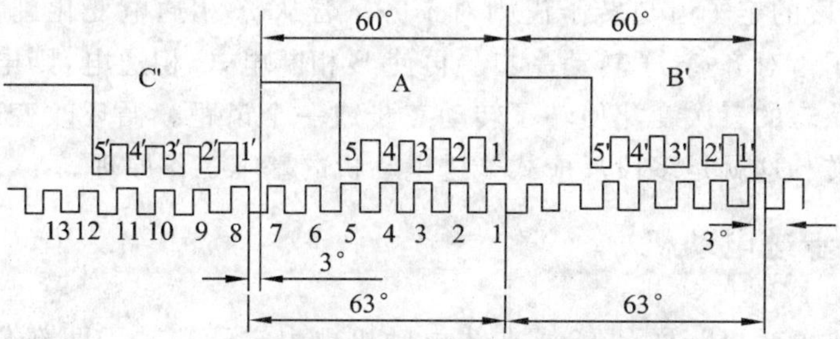

图 4.3.4 步进电动机定、转子展开图

反应式步进电动机的转子齿数 Z_R，基本上由步距角的要求所决定。但是为了能实现上述"自动错位"，转子的齿数就必须满足一定条件，而不能为任意数值。若用 m 表示相数，则当定子的相邻极属于不同的相时，在某一极下若定子与转子的齿对齐时，则要求在相邻极下的定子与转子之间应错开转子齿距的 $1/m$。

由图 4.3.4 可以看出，若断开 A 相绕组而接通 B 相绕组，电动机中将产生沿 B 极轴线方向的磁场，这样在反应转矩的作用下，转子转过 3°，使定子 B 极下的齿和转子齿对齐。这时定子 A 极和 C 极下的齿又分别与转子齿相错三分之一的齿距。依此类推，当控制绕组按 A—B—C—A 顺序循环通电时，转子就沿逆时针方向以每一脉冲转动 3°的规律转动起来。若改变通电顺序，即按 A—C—B—A 顺序循环通电时，转子就沿顺时针方向以每一脉冲转动 3°的规律转动。

若采用三相单双六拍通电方式运行，即按 A—AB—B—BC—C—CA—A 顺序循环通电，同样步距角也要减少一半，即每一脉冲仅转动 1.5°。

由上述可知，步进电动机的步距角 θ_S 由下式决定：

$$\theta_S = \frac{360^\circ}{Z_R N} \tag{4-5}$$

式中 N——通电循环的拍数

若步进电动机通电的脉冲频率为 f，则步进电动机的转速 n 为

$$n = \frac{60 f \theta_S}{360^\circ} = \frac{60 f}{Z_R N} \tag{4-6}$$

步进电动机可以做成三相的，也可以做成四相、五相、六相或更多相数的，其拍数等于相数或相数的两倍。步进电动机的拍数和齿数越多，步距角 θ_S 就越小，在脉冲频率一定时，转速亦越低。但相数越多，电源就越复杂，成本也越高。因此，步进电动机最多为 6 相。

4.3.2 多段反应式步进电动机

前面介绍的反应式步进电动机是按径向分相的，这种步进电动机也称为单段反应式步进电动机。它是目前步进电动机中使用最多的一种结构形式。除此之外，还有一种反应式步进电动机是按轴向分相的，这种步进电动机也称为多段反应式步进电动机。

多段反应式步进电动机沿着它的轴向长度分成磁性能上独立的几段，每一段都用一相绕组励磁，因此，三相反应式步进电动机有三段。沿电动机的轴向长度看，每段的转子齿都是排齐的，但不同段所对应的定子齿之间有不同的相对位置。因此，A 段的定子齿与转子齿对齐时，B 段和 C 段的定子齿与转子齿则对不齐。若从 A 相通电变化到 B 相通电，则使 B 段的定子齿与转子齿对齐，转子转动一步。再使 B 相断电，C 相通电，则电动机以同一方向再走一步。通电状态的三次变化使转子转动三步或一个齿距。循环改变通电状态，步进电动机就可连续旋转。这就是多段反应式步进电动机的基本工作原理。

4.3.3 混合式步进电动机

与反应式步进电动机一样，混合式步进电动机也由定子和转子两部分组成。混合式步进电动机的定子绕组一般有三相、四相和五相这几种。混合式步进电动机与反应式步进电动机的最大区别在于其转子具有永久磁性。

混合式步进电动机的定子绕组未通电时，转子永久磁钢产生的磁通能产生自定位转矩。虽然这比绕组通电时产生的转矩小得多，但它确实是一种很有用的特性，使其在断电时，仍能保持转子的原来位置。体积一定时，混合式步进电动机产生的转矩比反应式步进电动机的大，加上混合式步进电动机的步距角常做得较小，因此在工作空间受到限制而需要小步距角和大转矩的场合，常常可选用混合式步进电动机。

4.3.4 步进电动机的驱动电源与应用

步进电动机的每相绕组不是长期通电，而是按照一定的规律通电，为此，需要由专门的驱动电源供电。步进电动机的驱动电源一般由变频信号源、脉冲分配器和功率放大器这三部分所组成，如图 4.3.5 所示。变频信号源是一个频率可从几十赫兹到几十千赫兹连续变化的脉冲分配器。脉冲分配器根据指令将脉冲信号按一定的逻辑关系加到各相功率放大器上去，功率放大器将脉冲分配器输出的小信号，进行功率放大，再送到控制绕组。

步进电动机在一定的负载转矩下能不失步地起动的最高频率称为起动频率。步进电动机起动后，再将频率逐渐提升，能不失步地运行的最高频率称为运行频率。运行频率比起动频率高得多。这两种频率是步进电动机的重要性能指标。一般负载越重，对应的运行频率和起动频率就越低。

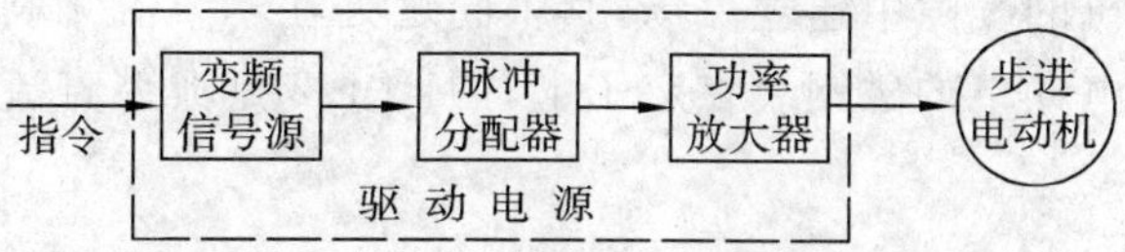

图 4.3.5 步进电动机的驱动电源

选用步进电动机时，要根据系统的要求，综合考虑所选电动机的步距角、转矩、频率以及精度等性能指标是否合适。

步进电动机具有结构简单，维护方便，工作可靠，调速范围大，起动、制动、反转灵敏等特点，其步距角和转速不受电压波动、负载变化的影响，在不失步的情况下，精度很高，所以广泛应用于数控机床、自动记录仪、石英钟表等设备中。

4.4 直流无刷电动机

4.4.1 基本组成环节

直流无刷电动机的结构原理如图 4.4.1 所示。它主要由电动机本体、位置传感器和电子开关线路三部分组成。电动机本体在结构上与永磁同步电动机相似，但没有笼型绕组和其他起动装置。其定子绕组一般制成多相(三相、四相和五相等)，转子由永久磁钢按一定极对数(2p=2,4,…)组成。图中的电动机本体为三相两极。三相定子绕组分别与电子开关线路中相应的功率开关器件连接，A 相、B 相、C 相绕组分别与功率开关管 V1、V2、V3 相接。位置传感器的跟踪转子与电动机转轴相连接。

当定子绕组的某一相通电时，该电流与转子永久磁钢的磁极所产生的磁场相互作用而产生转矩，驱动转子旋转，再由位置传感器将转子磁钢位置变换成电信号，去控制电子开关线路，从而使定子各相绕组按一定次序导通，定子相电流随转子位置的变化而按一定的次序换相。由于电子开关线路的导通次序是与转子转角同步的，因而起到了机械换向器的换向作用。

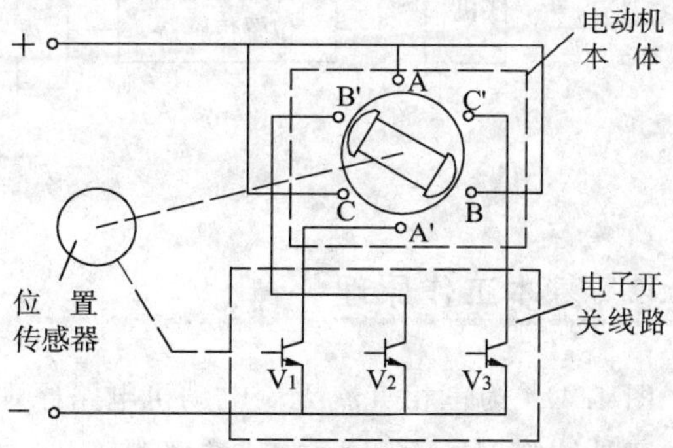

图 4.4.1 直流无刷电动机的结构原理图

因此，所谓直流无刷电动机，就其基本结构而言，可以认为是一台由电子开关线路、永磁式同步电动机以及位置传感器三者组成的“电动机系统”。

电动机转子的永久磁钢与永磁有刷电动机中所使用的永久磁钢的作用相似，均是在电动机的气隙中建立磁场,其不同之处在于直流无刷电动机中永久磁钢装在转子上,而直流有刷电动机的磁钢装在定子上,图 4.4.2 是典型直流无刷电动机本体基本结构图。

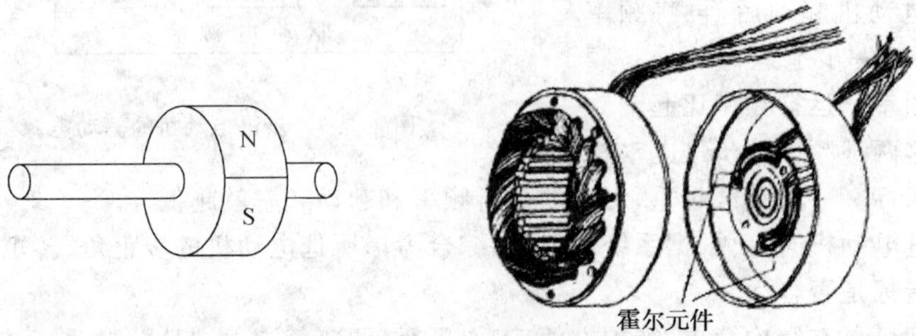

图 4.4.2 直流无刷电动机基本结构图

直流无刷电动机电子开关线路的作用是用来控制电动机定子上各相绕组通电的顺序和时间,主要由功率逻辑开关单元和位置传感器信号处理单元两个部分组成。功率逻辑开关单元是控制电路的核心,其功能是将电源的功率以一定逻辑关系分配给直流无刷电动机定子上各相绕组,以便使电动机产生持续不断的转矩。而各相绕组导通的顺序和时间主要取决于来自位置传感器的信号。但位置传感器所产生的信号一般不能直接用来控制功率逻辑开关单元,往往需要经过一定逻辑处理后才能去控制逻辑开关单元。综上所述,组成直流无刷电动机各主要部件的框图如图 4.4.3 所示。

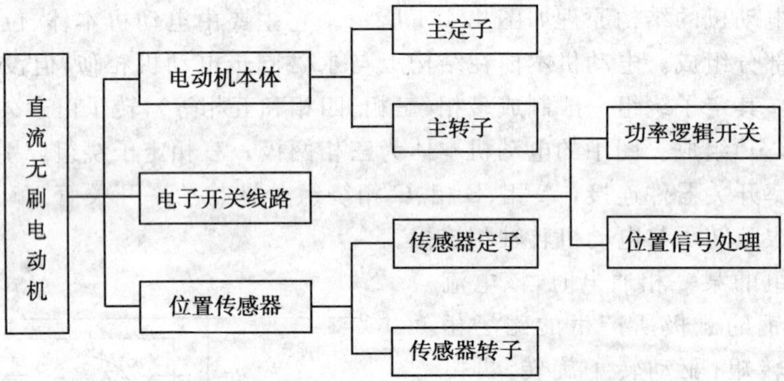

图 4.4.3 直流无刷电动机的组成框图

4.4.2 基本工作原理

图 4.4.4 为三相直流无刷电动机电路原理图,此处采用光电器件作为位置传感器,以三只功率晶体管 V_1、V_2和 V_3构成功率逻辑开关。

图中三只光电器件 VP1、VP2、VP3 的安装位置各相差 120°,均匀分布在电动机一端。借助电动机轴上的旋转遮光板(亦称截光器)的作用,使得从光源射来的光线依次照射在各个光电器件上,并依照某一光电器件是否被照射到光线来判断转子磁极的位置。图 4.4.4 所示的转子位置与图 4.4.5(a)所示的位置相对应。由于此时光电器件 VPl 被光照射,从而使功率晶体管 V1 导通,绕组 A－A′通电,该绕组电流与转子磁极作用所产生的转矩,使转子按图 4.4.5 中的箭头方向转动。当转子转到图(b)所示位置时,装在转子轴上的旋转遮光板遮住 VP1 而使 VP2 受光照射,从而使晶体管 V1 截止、晶体管 V2 导通,电流流入绕组 B—B′,使得转子继续朝箭头方向转动,并带动遮光板同时朝顺时针方向旋转。当转子转到图(c)所示位置时,旋转遮光板已经遮住 VP2,使 VP3 被光照射,导致晶体管 V2 截止、晶体管 V3 导通,因而电流流入绕组 C—C′,于是驱动转子继续朝顺时针方向旋转,并重新回到图(a)的位置。这样周而复始,电动机转子便连续不断地旋转。

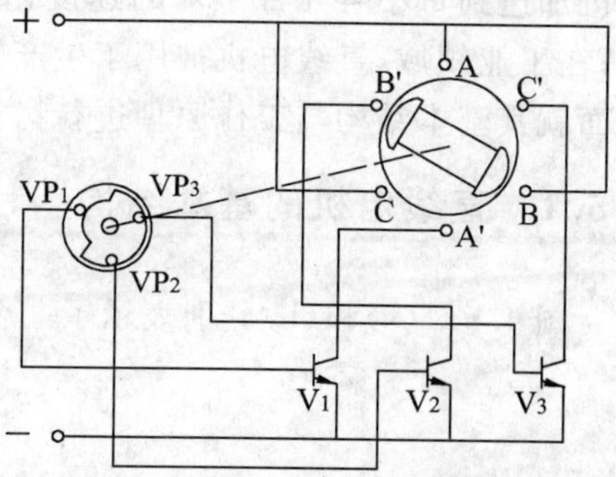

图 4.4.4 三相绕组直流无刷电动机

在上述直流无刷电动机中,随着位置传感器转子扇形片的转动,定子绕组在位置传感器 VP1、VP2、VP3 的控制下,便一相一相地依次通电,实现了各相绕组电流的换相。不难看出,在换相过程中,定子各相绕组在气隙内产生的旋转磁场是跳跃式的,它驱动转子沿顺时针方向一步一步地连续转动。

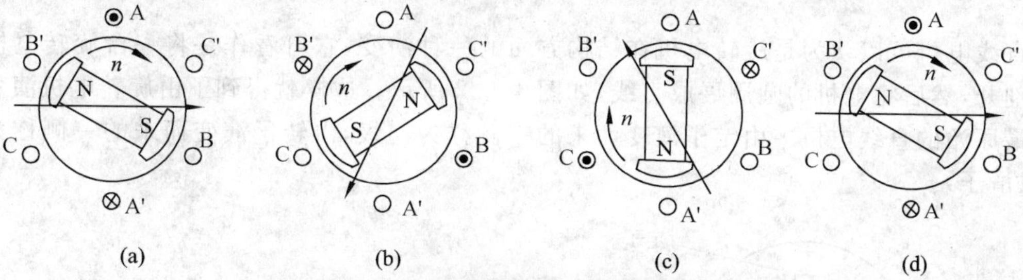

图 4.4.5 开关顺序及定子磁场旋转示意图

实际使用的直流无刷电动机,其位置传感器的种类和形式有多种多样,但基本工作原理是相同的。

4.5 直线电机

我们经常看到,许多直线驱动装置或系统都是采用旋转电动机通过中间装置(例如链条、钢丝绳、传动带、齿条或丝杆等机构)转换为直线运动的。由于这些装置或系统有中间转换机构,所以整机存在着体积大、效率低、精度低等问题。

直线电机主要是直线电动机,它是一种将电能直接转换成直线运动机械能而不需要任何中间转换机构的传动装置。它是 20 世纪下半叶电工领域中出现的具有新原理、新理论的新技术,它所具有的突出优势,已越来越引起人们的重视,不久的将来,将会在人类的各个领域中得到广泛的应用。

直线电机的结构可以根据需要制成扁平型、圆筒型或盘型等各种形式。它可以采用交流电源、直流电源或脉冲电源等进行工作。直线电机可以在几秒钟内把一架几吨重的直升飞机加速到每小时几百千米的速度；直线电机可以制成速度达500km/h以上的磁悬浮列车；在工业领域，直线电机被用于生产输送线，以及各种水平或垂直运动的一些机械设备中。下面就其基本结构与工作原理进行讨论。

4.5.1 直线电机的基本结构

图4.5.1(a)和(b)分别表示了一台旋转电机和一台直线电机。

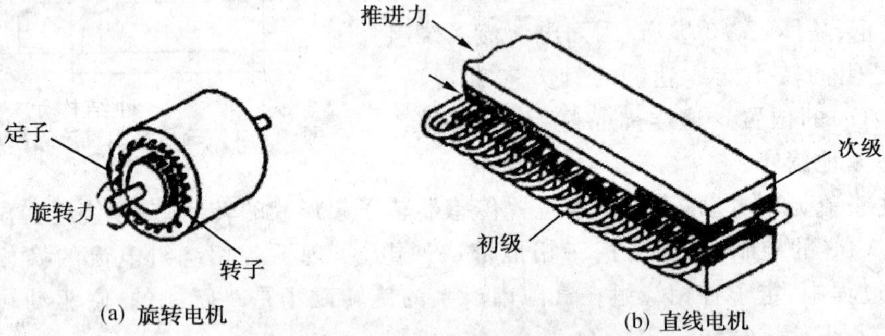

图4.5.1 旋转电机和直线电机示意图

直线电机可以认为是旋转电机在结构方面的一种演变，它可看作是将一台旋转电机沿径向剖开，然后将电机的圆周展成直线，如图4.5.2所示。这样就得到了由旋转电机演变而来的最原始的直线电机。由定子演变而来的一侧称为初级，由转子演变而来的一侧称为次级(或滑子)。

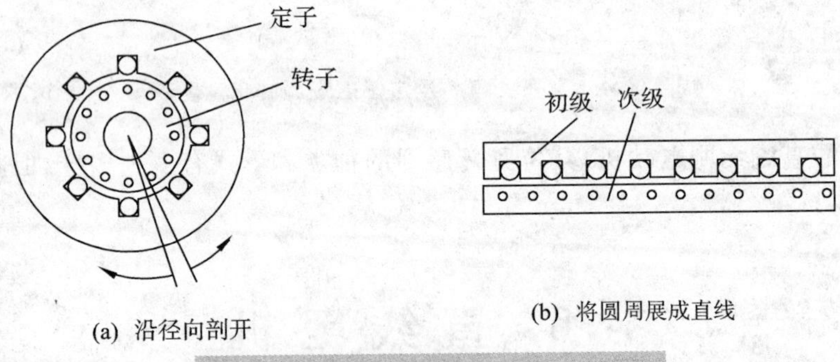

图4.5.2 旋转电机演变为直线电机

由图4.5.2演变而来的直线电机，其初级和次级长度是相等的。由于在运行时初级与次级之间要做相对运动，如果在运动开始时，初级与次级正巧对齐，那么在运动中，初级与次级之间互相耦合的部分越来越少，而不能正常运动。为了保证在所需的行程范围内，初级与次级之间的耦合能保持不变，因此实际应用时，将初级与次级制造成不同的长度。在制造直线电机时，既可以是初级短、次级长，也可以是初级长、次级短。前者称为短初级长次级，后者称为长初级短次级。如图4.5.3所示。但是由于短初级在制造成本上、运行费用上均比短次级低得多，因此，一般都采用短初级长次级的结构。

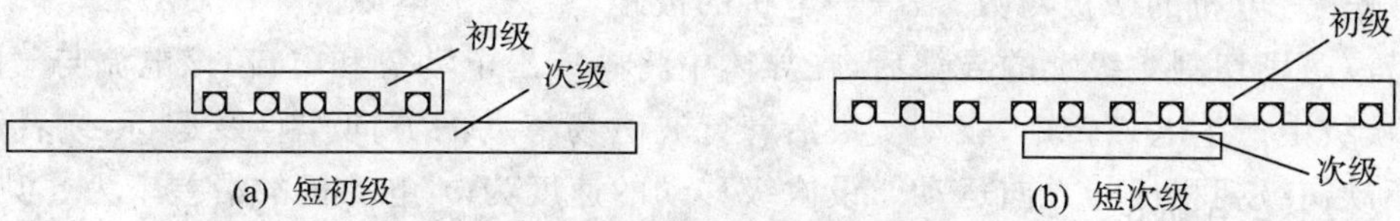

图 4.5.3 短初级和短次级直线电机

图 4.5.3 所示的直线电机仅在一边安放初级，称为单边型直线电机。这种结构的电机，一个最大的特点是在初级与次级之间存在着一个很大的法向吸力。一般这个法向吸力在钢铁材料作次级时约为推力的 10 倍左右，在大多数的场合下，这种法向吸力是不希望存在的。如果在次级的两边都装上初级，那么这个法向吸力可以相互抵消，这种结构型式称为双边型，如图4.5.4所示。

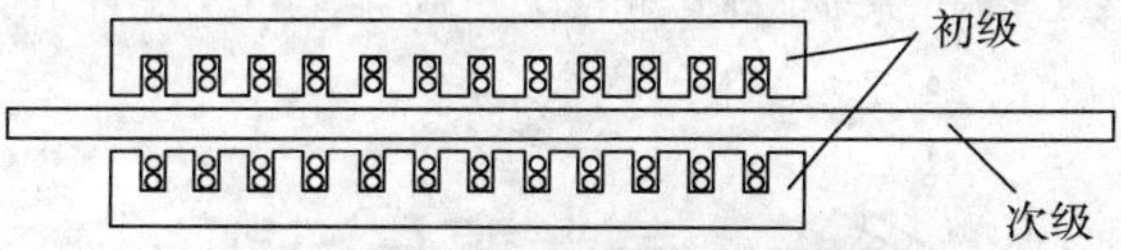

图 4.5.4 双边型直线电机

上述介绍的直线电机称为平板型直线电机，是目前应用最广泛的。除了平板型直线电机，还有圆筒型(管型)直线电机，它也可以看作是由旋转电机演变为平板型直线电机，再演变为圆筒型直线电机，如图 4.5.5 所示。

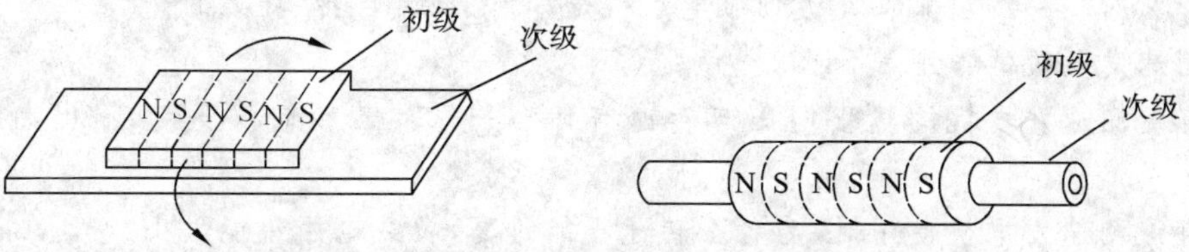

图 4.5.5 平板型直线电机演变为圆筒型直线电机

4.5.2 直线电机的基本工作原理

直线电动机的初级三相绕组通入三相交流电后，就会在气隙中产生一个沿直线移动的正弦波磁场，其移动方向由三相交流电源的相序决定，如图 4.5.6 所示。显然该行波磁场的移动速度与普通电机旋转磁场在定子内圆表面的线速度相等。

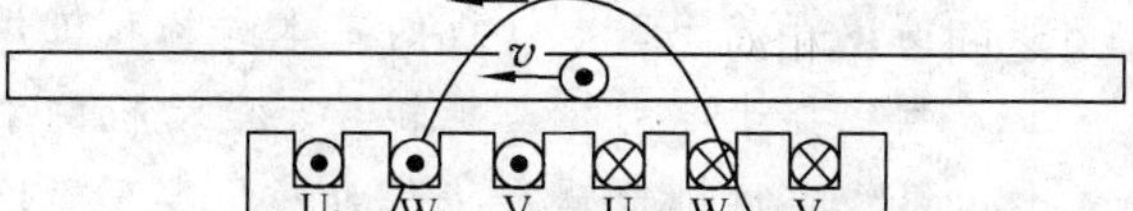

图 4.5.6 直线电机的工作原理

$$v_1=\frac{60f_1}{p}\cdot\frac{2p\tau}{60}=2f_1\tau \tag{4-7}$$

式中 p——电机的磁极对数 τ——电机的极距 f_1——电源的频率

行波磁场切割次级上的导体后，在导体中将感应出电动势和电流，该电流与气隙磁场作用，在次级中产生电磁转矩，驱动次级沿着行波磁场移动的方向作直线运行，或者利用反作用力驱动初级朝相反的方向运动。设次级移动的速度为 v，电动机的滑差率为 s，则

$$s=\frac{v_1-v}{v_1} \tag{4-8}$$

$$v=v_1(1-s) \tag{4-9}$$

直线异步电动机的速度与电源的频率成正比，所以改变电源频率即可改变电动机的速度，如果改变直线电动机初级绕组的通电相序，即可改变电动机的运行方向。因此直线电动机可实现往返直线运动。在电动运行状态下，s 的数值在 0 与 1 之间变化。

直线电动机的应用前景很广泛，主要用于要求直线运动的场合，如工业自动控制装置中的执行元件，生产自动线上的机械手、传送带，铁路高速列车，各种开关、阀门的自动控制装置以及各种记录装置等。

思考题与习题

1. 伺服电动机的作用是什么？自动控制系统对伺服电动机有什么要求？

2. 直流伺服电动机有哪几种控制方式？一般采用哪种控制方式？

3. 空心杯形电枢直流伺服电动机有什么特点？

4. 交流伺服电动机有哪几种控制方式？如何使其反转？

5. 什么叫"自转"现象？交流伺服电动机是如何消除"自转"现象的？

6. 测速发电机的作用是什么？

7. 直流测速发电机的输出电压与转速有什么关系？若转向改变，其输出电压有什么影响？

8. 直流测速发电机使用时，为什么转速不能过高，负载电阻不能过小？

9. 交流异步测速发电机的输出电压与转速有什么关系？若转向改变，其输出电压有何变化？

10. 步进电动机的作用是什么？其转速是由哪些因素决定的？

11. 一台三相步进电动机，可采用三相单三拍或三相单双六拍工作方式，转子齿数 $Z_R=50$，电源频率 $f=2\text{kHz}$，分别计算两种工作方式的步距角和转速。

12. 步进电动机的起动频率和运行频率与负载有什么关系？

13. 简述直流无刷电动机的基本结构和工作原理。

14. 直线异步电动机与旋转异步电动机的主要差别是什么？

15. 直线电动机根据形状分为哪几类？简述直线电动机的工作原理。

16. 一台直线异步电动机极距 $\tau=5\text{mm}$，电源频率 $f_1=50\text{Hz}$，滑差率 $s=0.05$，求次级的移动速度 v。

第5章 常用低压电器

电器是所有电工器件的简称。凡是用来接通和断开电路,以达到控制、调节、转换和保护目的的电工器件都称为电器。用电动机拖动生产机械运行,来实现生产机械的各种不同的工艺要求,就必须有一套控制装置。尽管电力拖动自动控制系统已经向无触点、连续控制、微电子控制、计算机控制等方向发展,但由于继电器-接触器控制系统所用的控制电器结构简单、价格便宜,能够满足生产机械的一般要求,因此,目前仍然获得广泛的应用。

生产机械中所用的控制电器多属低压电器。低压电器是指工作在直流1 200V、交流1 000V以下的各种电器。低压电器的种类繁多,构造各异,用途广泛,分类方法也不尽相同。

低压电器按动作方式可分为以下两类:

(1) 手动电器。通过人力操作而动作的电器,如开关、按钮等。

(2) 自动电器。按照输入信号或本身参数的变化而自动动作的电器,如接触器、继电器等。

低压电器按用途不同可分为以下四类:

(1) 控制电器。用作电路的通断,如开关、继电器、接触器等。

(2) 保护电器。用来保护电源、电路以及用电设备,使它们避免在短路、过载状态下运行而损坏,如熔断器、电流继电器、热继电器等。

(3) 主令电器。用来控制自动电器的动作,发出控制"指令",如按钮、主令开关等。

(4) 执行电器。用来完成某种动作或传递功率,如电磁铁等。

低压电器是电力拖动控制系统的基本组成元件。控制系统性能的好坏与所用低压电器直接相关。电气技术人员必须熟悉常用低压电器的基本结构、工作原理、规格型号和主要用途,并能正确选择、使用与维护。

5.1 开　关

开关是手动操作的低压电器,一般用于接通或分断低压配电电源和用电设备,也常用来直接起动小容量的异步电动机。

5.1.1 刀开关

刀开关又称闸刀开关,是结构最简单且应用最广泛的一种手动电器。如图5.1.1所示为刀开关的典型结构。它由操作手柄、触刀、静夹座和绝缘底板组成。推动手柄使触刀插入静夹座中,电路就会被接通。为了保证刀开关合闸时触刀与静夹座有良好的接触,触刀与静夹座之间应有一定的接触压力。

刀开关的种类很多。按刀的极数可分为单极、双极和三极；按刀的转换方向可分为单掷和双掷；按操作方式可分为直接手柄操作式和远距离连杆操纵式；按灭弧情况可分为有灭弧罩和无灭弧罩等。常用的刀开关有开启式负荷开关和封闭式负荷开关两种。

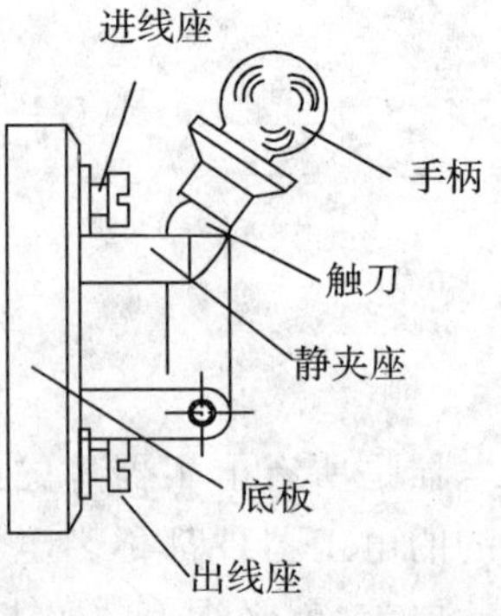

图 5.1.1 刀开关的典型结构

1. 开启式负荷开关

开启式负荷开关又名瓷底胶盖闸刀开关，图 5.1.2(a)、(b)为 HK 系列闸刀开关结构图。它由刀开关和熔断器组合而成，装在瓷底板上。

HK 系列闸刀开关的图形符号如图 5.1.3 所示。

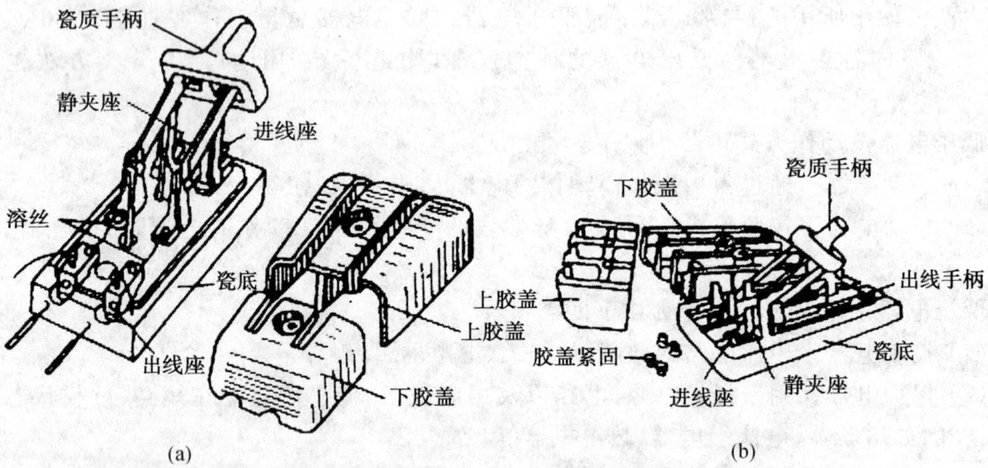

图 5.1.2 HK 系列闸刀开关结构图

这种开关结构简单，价格低廉，常用作照明电路的电源开关，也可用来控制 5.5kW 以下异步电动机的起动和停止。但这种开关没有专门的灭弧装置，不宜用于频繁地分、合电路。

闸刀开关型号(HK1—□)的含义为：

HK——开启式负荷开关；1——设计序号；□——额定电流。

对于普通负载，闸刀开关可以根据额定电流来选择；而对于电动机，开关额定电流可选电动机额定电流的 3 倍左右。

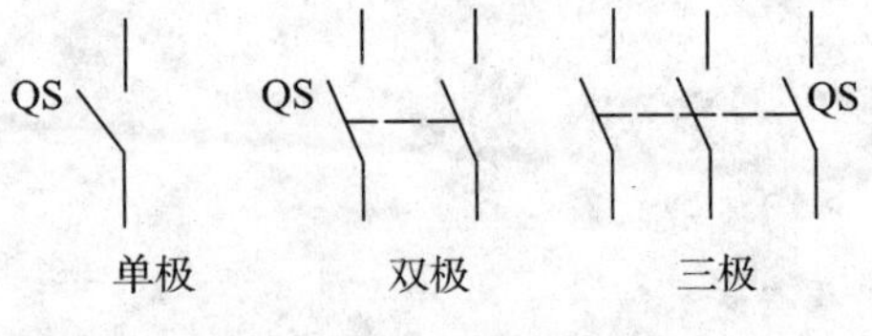

图 5.1.3 HK 系列闸刀开关图形符号

闸刀开关在安装和使用时应注意下列事项：

(1) 电源进线应接在静触点一边的进线端(进线座应在上方)，用电设备应接在动触点一边的出线端。这样当开关断开时，闸刀和熔丝均不带电，以保证更换熔丝时的安全。

(2) 安装时，刀开关在合闸状态下手柄应该向上，不能倒装或平装，以防止闸刀松动落下时误合闸。

2. 封闭式负荷开关

封闭式负荷开关又名铁壳开关。图5.1.4所示为常用的HH系列铁壳开关的结构与外形。它由刀开关、熔断器、灭弧装置、操作机构和钢板(或铸铁)做成的外壳构成。三把闸刀固定在一根绝缘方轴上,由手柄操纵。

铁壳开关的操作机构具有以下两个特点:一是设有联锁装置,保证开关在合闸状态下开关盖不能开启,而开启时,不能合闸,以保证操作安全。二是采用储能分合闸方式,操作机构中,在手柄转轴与底座之间装有速动弹簧,能使开关快速接通与断开,与手柄操作速度无关,这样有利于迅速灭弧。

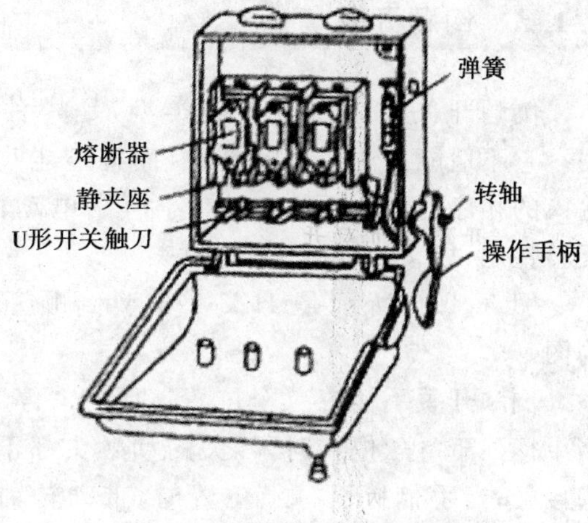

图5.1.4 HH系列铁壳开关

铁壳开关型号(HH4—□/□)的含义为:

HH——封闭式负荷开关;4——设计序号;□——额定电流;□——极数。

铁壳开关使用注意事项:

(1) 对于电热和照明电路,铁壳开关可以根据额定电流选择;对于电动机,开关额定电流可选电动机额定电流的1.5倍。

(2) 操作时人要在铁壳开关的手柄侧,不要面对开关,以免意外故障使开关爆炸,铁壳飞出伤人。

(3) 开关外壳应可靠接地,防止意外漏电造成触电事故。

5.1.2 转换开关(组合开关)

转换开关实质上也是一种刀开关,不过它的刀片是转动的。它由装在同一根轴上的单个或多个单极旋转开关叠装在一起组成,有单极、双极、三极和多极结构,根据动触片和静触片的不同组合,有许多接线方式。图5.1.5所示为常用的HZ10系列组合开关的外形和图形符号。它有三对静触片,每个触片的一端固定在绝缘垫板上,另一端伸出盒外,连在接线上,三个动触片套在装有手柄的绝缘轴上。转动手柄就可将三个触点同时接通或断开。

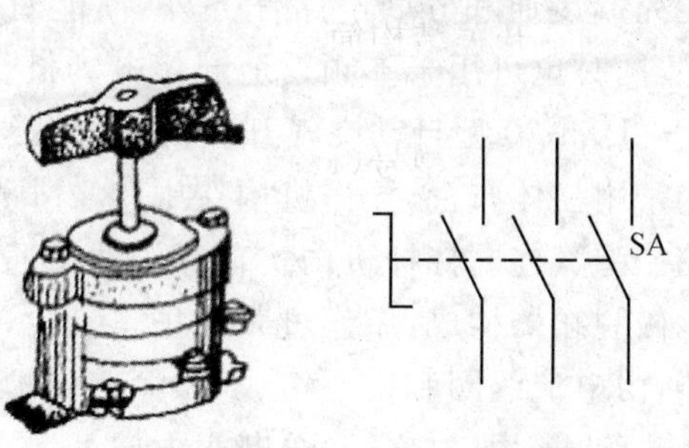

(a) 外形 (b) 图形符号

图5.1.5 HZ10系列组合开关

HZ系列转换开关型号(HZ10—□□/□)的含义为:

HZ——组合开关;10——设计序号;□——额定电流;□——类型(P为二路切换,S为三路切换);□——极数。

组合开关常用作交流50Hz、380V和直流220V以下的电源引入开关,5kW以下电动机的直接起动和正反转控制，以及机床照明电路中的控制开关。

5.1.3 倒顺开关

倒顺开关属于组合开关类型，是一种手动开关。它不但能接通和分断电源，而且还能改变电源输入的相序，用来直接实现对小容量电动机的正、反转控制，故又称可逆转换开关。

图 5.1.6 所示是 HZ3-123 型倒顺开关的结构图。

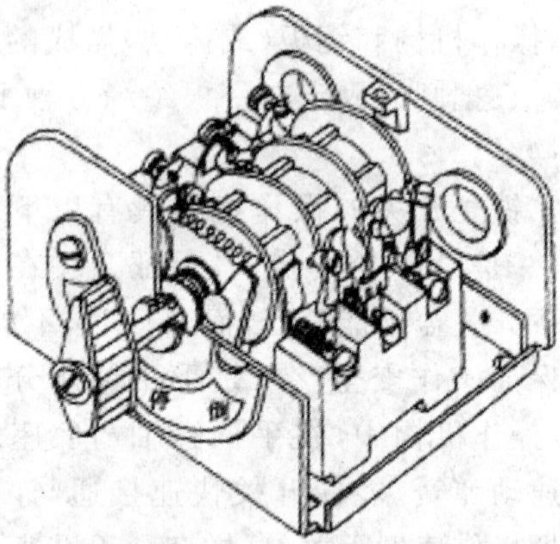

图 5.1.6 倒顺开关

倒顺开关手柄有三个位置："顺"、"停"、"倒"。当手柄处于"停"位置时，开关的动触头都不与静触头接触；当手柄扳至"顺"位置时，带动转轴将一组动触头与静触头接触，电路接通；当手柄扳至"倒"位置时，带动转轴将另一组动触头与静触头接触，将电源两相相序变换。

使用时应注意，欲使电动机改变转向时，应先将手柄扳在"停"位置，待电动机停转后，再将手柄转向另一方。切不可不停顿地将手柄由一方直接转向另一方，因为电源突然反接，电动机定子绕组中会产生很大的电流，易使定子绕组过热而损坏。

由于倒顺开关可以改变电源相序，所以也可用来对电动机实行反接制动。

5.1.4 自动开关

自动开关又称低压断路器，是低压配电网络和电力拖动系统中非常重要的一种电器，除能完成接通和分断电路任务外，尚能对电路或电气设备发生的短路、过载及失压等进行保护，同时也可用于不频繁地起停电动机。

DZ5-20 型自动空气开关的外形及结构如图 5.1.7 所示。DZ5-20 型自动空气开关其结构采用立体布置，操作机构在中间。外壳顶部突出的红色分断按钮和绿色合闸按钮，可通过储能弹簧连同杠杆机构实现开关的接通和分断。壳内底座上部为热脱扣器，它由热元件和电磁脱扣器构成，用作过载保护，还有一个电流调节盘，用以调节整定电流；下部为电磁脱扣器，由电流线圈和铁心组成，做短路保护用。主触头系统在操作机构的下面，由动触头和静触头组成，用以接通和分断主电路的大电流并采用栅片灭弧。另外，还有常开和常闭辅助触头各一对，可作为信号指示或控制电路用；主、辅触头接线柱伸出壳外，便于接线。

自动空气开关与带熔断器的刀开关相比，具有以下优点：结构紧凑，安装方便，操作安全，而且在进行过载、短路保护时，用电磁脱扣器将三相电源同时切断，可避免电动机缺相运行。另外，自动开关的脱扣器可以重复使用，不必更换。

自动空气开关的主要参数是额定电压、额定电流和允许切断的极限电流。选用自动空气开关时要注意：

(1) 其允许切断极限电流应该略大于线路最大短路电流。

(2) 额定电压和额定电流应不小于电路正常工作电压和电流。

(3) 热脱扣器的整定电流应与负载额定电流相等。

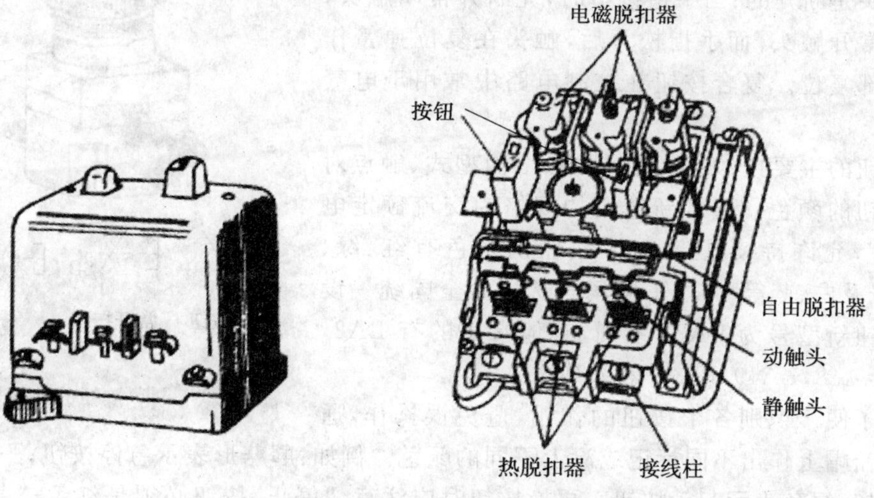

(a) 外形　(b) 结构

图 5.1.7　DZ5-20 型自动空气开关

(4) 电磁脱扣器的瞬时脱扣整定电流应大于正常工作时的冲击电流。

5.2　主令电器

主令电器是在自动控制系统中发出指令或信号的电器,主要用来接通和分断控制电路以达到发号施令的目的。主令电器应用广泛,种类繁多,最常见的有按钮、行程开关、接近开关等。

5.2.1　按　　钮

按钮是一种短时接通或断开小电流电路的手动电器,通常用于控制电路中发出起动或停止等指令,以控制接触器、继电器等电器的线圈电流的接通或断开,再由它们去接通或断开主电路。另外,按钮之间还可实现电气联锁。

按钮的结构一般是由按钮帽、复位弹簧、动触头、静触头和外壳等组成。图 5.2.1 所示为 LA19 系列按钮的外形和按钮的图形符号。

常开按钮:手指未按下时,触头是断开的,当手指按下按钮帽时,触头被接通,而手指松开后,触头在复位弹簧作用下返回原位而断开。常开按钮在控制电路中常用作起动按钮。其触头称为常开触点或动合触点。

常闭按钮:手指未按下时,触头是闭合的,当手指按下时,触头被断开,而手指松开后,触头在复位弹簧作用下恢复闭合。常闭按钮在控制电路中常用作停止按钮。其触头称为常闭触点或动断触点。

复合按钮：当手指未按下时，常闭触头是闭合的，常开触头是断开的；当手指按下时，先断开常闭触头，后接通常开触头；而手指松开后，触头在复位弹簧作用下全部复位。复合按钮在控制电路中常用于电气联锁。

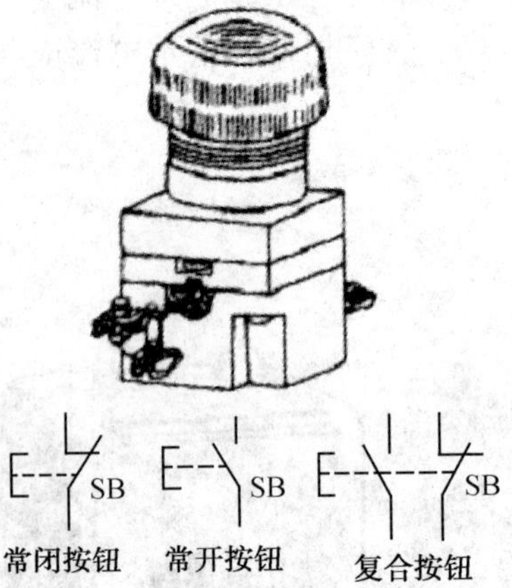

图 5.2.1 按钮的外形和符号

按钮的主要技术参数有：规格、结构型式、触点对数和按钮的颜色。通常新选用的规格为交流额定电压 500V，允许持续电流 5A。按钮的颜色有红、绿、黑、黄以及白、蓝等种，供不同场合选用。全国统一设计的按钮新型号为 LA25 系列，其他常用的有 LA2，LA10，LA18，LA19，LA20 等系列。

为了便于识别各个按钮的作用，避免误操作，通常在按钮帽上作出不同标记或涂上不同的颜色。例如：蘑菇形表示急停按钮；一般红色表示停止按钮；绿色表示起动按钮。更换按钮时应注意："停止"按钮必须是红色；"急停"按钮必须用红色蘑菇按钮；"起动"按钮是绿色的。按钮必须有金属的防护挡圈，且挡圈必须高于按钮帽，这样可以防止意外触动按钮帽时产生误动作。

安装按钮的按钮板和按钮盒必须是金属的，并与机械的总接地母线相连。悬挂式按钮应有专用接地线。

5.2.2 行程开关

行程开关又称位置开关或限位开关，是一种很重要的小电流主令电器。行程开关是利用生产设备某些运动部件的机械位移而碰撞位置开关，使其触头动作，将机械信号变为电信号，接通、断开或变换某些控制电路，借以实现对机械的电气控制要求。这类开关常被用来限制机械运动的位置或行程，使运动机械按一定位置或行程自动停止、反向运动或自动往返运动等。行程开关的结构形式很多，但基本上是以某种位置开关元件为基础，装置不同的操作头而得到各种不同的形式。

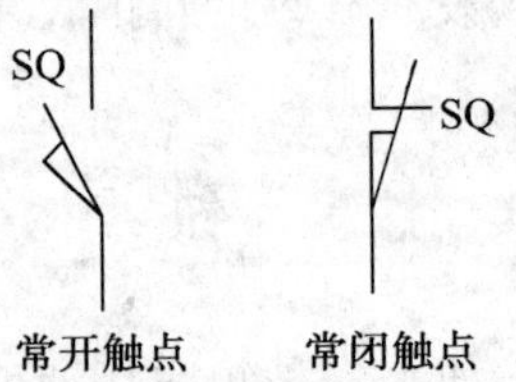

图 5.2.2 行程开关的图形符号

行程开关按运动形式分为直动式和转动式；按结构可分为直动式、滚动式和微动式；按触点性质可分为有触点式和无触点式。行程开关的图形符号如图 5.2.2 所示。

1. 直动式行程开关

图 5.2.3 为直动式行程开关结构图。其动作与控制按钮类似，只是它用运动部件上的撞块来碰撞行程开关的推杆。其优点是结构简单，成本较低；缺点是触点的分合速度取决于撞块的移动速度，若撞块移动太慢，则触点就不能瞬时切断电路，使电弧在触点上停留时间过长，易于烧蚀触点。

2. 微动开关

为克服直动式结构的缺点，可采用具有弯片状弹簧瞬动机构，如图 5.2.4 所示。当推杆被压下时，弹簧片发生变形，储存能量并产生位移，当达到预定的临界点时，弹簧片连同动触点产生瞬时跳跃，从而导致电路的接通、分断或转换。同样，减小操作力时，弹簧片会向相反方向跳跃。

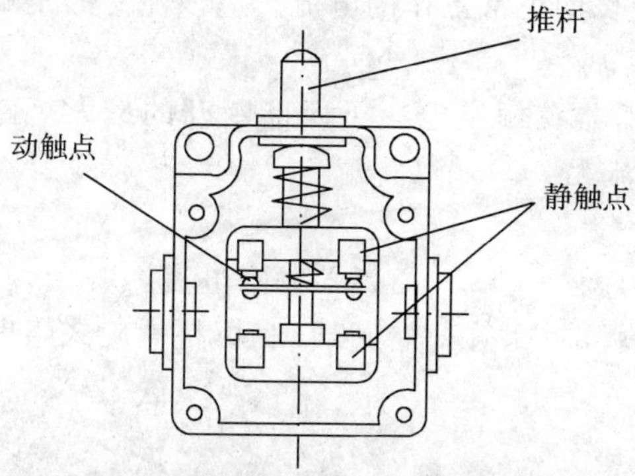

图 5.2.3 JLXK1 直动式行程开关

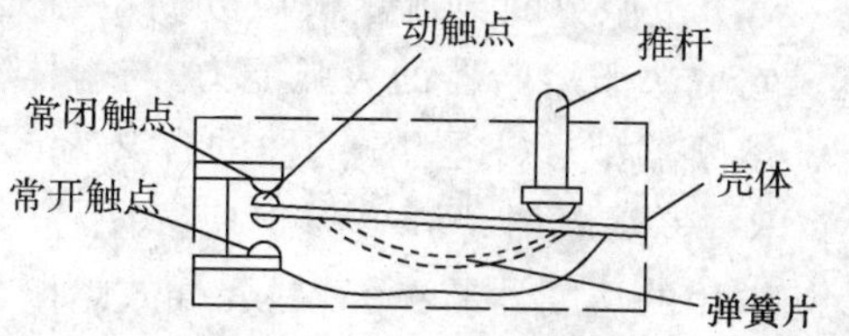

图 5.2.4 LX31 微动开关

微动开关体积小、动作灵敏，适合在小型机构中使用。

3. 接近开关

接近开关又称无触点的行程开关，它不同于普通行程开关。接近开关是一种非接触式的检测装置，当运动着的物体在一定范围内接近它时，它就能发出信号，以控制运动物体的位置。

根据工作原理来划分，接近开关有高频振荡型、电容型、霍尔效应型、感应电桥型等，其中以高频振荡型为最常用。高频振荡型接近开关由感应头、振荡器、开关器、输出器等组成。当装在生产机械上的金属物体接近感应头时，由于感应作用，使处于高频振荡器线圈磁场中的金属物体内部产生涡流损耗，以致振荡回路因能耗增加而使振荡减弱，直到停止震荡。此时开关器导通，并通过输出器发出信号，以起到控制作用。

接近开关具有定位精度高、操作频率高、功率损耗小、寿命长、使用面广、能适应恶劣工作环境等优点。目前，接近开关已逐渐得到推广和应用。

5.3 熔断器

熔断器在配电系统和用电设备中主要起短路保护作用。使用时熔断器串接在被保护的电路中，在正常情况下，它相当于一根导线。当流过它的电流超过规定值时，熔体产生的热量使自身熔化而切断电路。熔体是用低熔点的金属丝或金属薄片做成的。

图 5.3.1 熔断器的符号

熔断器具有结构简单、使用方便、价格低廉等优点，其应用极为广泛。

熔断器主要由熔体和绝缘底座组成。熔体材料基本上分为两类：一类由铅、锌、锡及锡铅合金等低熔点金属制成，主要用于小电流电路；另一类由银或铜等较高熔点金属制成，用于大电流电路。熔断器的图形和符号如图 5.3.1所示。

熔断器的主要技术参数有：

(1) 额定电压。这是从灭弧的角度出发，规定保证熔断器能长期正常工作的电压。

(2) 额定电流。额定电流是指保证熔断器能长期正常工作的电流。应该注意的是熔断器的额定电流应大于或等于所装熔体的额定电流。

(3) 极限分断电流。极限分断电流是指熔断器在额定电压下所能断开的最大短路电流。它取决于熔断器的灭弧能力，与熔体额定电流无关。

熔断器型号(R□□—□)的含义为：

R——熔断器；□——结构型式；□——设计序号；□——熔断器额定电流。

常用的熔断器有：无填料瓷插式熔断器、无填料封闭管式熔断器、有填料螺旋式熔断器和快速熔断器等。

5.3.1 无填料瓷插式熔断器

瓷插式熔断器又名插入式熔断器，它由瓷盖、瓷底座、静触头、动触头和熔体组成。RC1A 系列瓷插式熔断器外形与结构如图 5.3.2 所示。它是一种最常见的结构简单的熔断器，熔体更换方便、价格低廉，一般用于交流 50Hz，额定电压 380V，额定电流 200A 以下的线路中，作为电气设备的短路保护及一定程度上的过载保护之用。

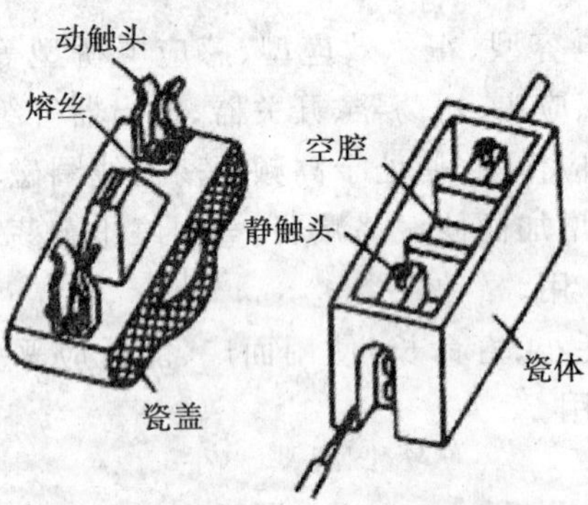

图 5.3.2 RC1A 系统瓷插式熔断器

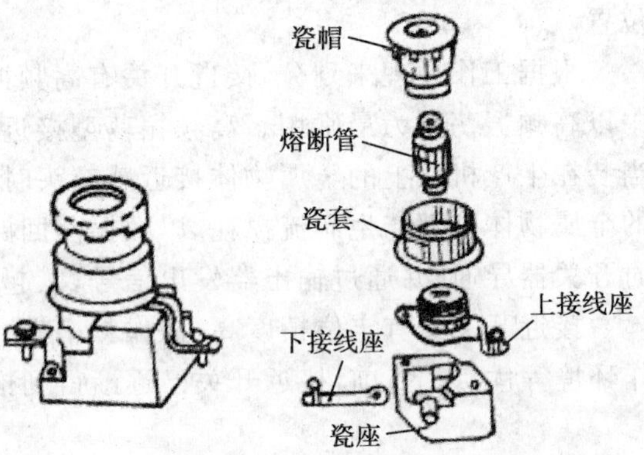

图 5.3.3 RL1 系列螺旋式熔断器

5.3.2 有填料螺旋式熔断器

有填料螺旋式熔断器由瓷帽、熔断管、瓷套以及瓷座等组成。熔断管是一个瓷管，内装熔体和石英砂，熔体的两端焊在熔管两端的导电金属盖上，其上端盖中间有一熔断指示器，当熔体熔断时指示器弹出，通过瓷帽上的玻璃窗口可以看见。RL1 系列螺旋式熔断器的外形与结构如图 5.3.3 所示。

这种熔断器的特点是其熔管内充满了石英砂填料，以此增强熔断器的灭弧能力。石英砂填料之所以有助于灭弧，是因为石英砂具有很大的热惯性与较高绝缘性能，并且因它为颗粒状，同电弧的接触面较大，能大量吸收电弧的能量，使电弧很快冷却，从而加快电弧熄灭过程。

螺旋式熔断器的优点是体积小、灭弧能力强、有熔断指示和防振等，在配电及机电设备中大量使用。此外，有填料的封闭管式熔断器，具有分断能力高、有醒目的熔断指示和使用安全等优点，被广泛用于短路电流很大的电力网络或配电装置中。

5.3.3 快速熔断器

快速熔断器主要用于半导体功率元件和变流装置的短路保护。因为半导体功率元件的过载能力差，只能在极短的一段时间内承受过载电流(例如70A晶闸管元件能承受6倍额定电流的时间仅为10ms)，所以要求熔断器具有快速熔断的特性。

螺旋式快速熔断器的结构与螺旋式普通熔断器相同，不同的只是熔体，快速熔断器的熔体具有快速熔断的特性。常用的快速熔断器有RS和RLS系列。使用时应当注意，快速熔断器的熔体不能用普通的熔体代替，因为普通的熔体不具有快速熔断的特性。

5.3.4 熔断器的选择和维护

根据被保护电路的要求，首先选择熔体的规格，再根据熔体去确定熔断器的规格。

1. 熔体额定电流的选择

(1) 对于电炉和照明等电阻性负载，可用作过载保护和短路保护，熔体的额定电流应稍大于或等于负载的额定电流。

(2) 电动机的起动电流很大，熔体的额定电流要考虑起动时熔体不能熔断而选得较大，因此对电动机而言，熔断器只宜作短路保护而不能作过载保护。

对于单台电动机，熔体的额定电流(I_{fN})应不小于电动机额定电流(I_N)的1.5～2.5倍，即：$I_{fN} \geqslant (1.5 \sim 2.5) I_N$。轻载起动或起动时间较短时，系数可取近1.5，带负载起动、起动时间较长或起动较频繁时，系数可取2.5。

对于多台电动机的短路保护，熔体的额定电流(I_{fN})应不小于最大一台电动机的额定电流(I_{Nmax})的1.5～2.5倍，加上同时使用的其他电动机额定电流之和($\sum I_N$)，即：$I_{fN} \geqslant (1.5 \sim 2.5) I_{Nmax} + \sum I_N$。

2. 熔断器的选择

熔断器的额定电压和额定电流应不小于线路的额定电压和所装熔体的额定电流。其结构型式根据线路要求和安装条件而定。

熔断器在使用过程中应当注意下列几点：

(1) 熔断器的插座与插片的接触要保持良好。如果发现插口处过热或触头变色，则说明插口处接触不良，应及时修复。

(2) 熔体烧断后，应首先查明原因，排除故障。熔断器一般在过载电流下熔断时，响声不大，熔体仅在一两处熔断，管子内壁没有烧焦的现象，也没有大量的熔体蒸发物吸附在管壁上。如果是在分断极限电流时熔断的，情况与上述相反。更换熔体时，应使新熔体的规格与换下来的一致。

(3) 更换熔体或熔管时，必须把电源断开，以防止触电。尤其不允许在负载未断开时带电更换，以免电弧烧伤工作人员。

(4) 安装熔体时不要把它碰伤，也不要将螺钉拧得太紧，轧伤熔体。

(5) 如果连接处的螺钉因损坏而拧不紧，则应更换新的螺钉。

(6) 安装熔丝时要顺时针方向弯曲,这样在拧螺钉时就会越拧越紧。熔丝只需弯一圈就可以,不要多弯。

(7) 对于有指示器的熔断器,应经常注意检视。若发现熔体已烧断,应及时更换。

(8) 安装螺旋式熔断器时,熔断器下接线板的接线端应安装在上方,并与电源线连接;连接金属螺纹壳体的接线端应装于下方,并与用电设备的导线相连。这样就能保证在更换熔体时螺纹壳体上不会带电,以保证人身安全。

5.4 交流接触器

接触器是一种自动控制电器,可用来频繁地接通和断开主电路。它主要的控制对象是电动机、变压器等电力负载。可以实现远距离接通或分断电路,允许频繁操作。它工作可靠,还具有零压保护、欠压释放保护等作用。接触器是电力拖动自动控制系统中应用最广泛的电器。

接触器按其线圈通过电流种类不同,分为交流接触器和直流接触器。本节只介绍交流接触器。

5.4.1 交流接触器结构

交流接触器主要由电磁系统、触头系统、灭弧装置等部分组成。其结构和符号如图5.4.1所示。

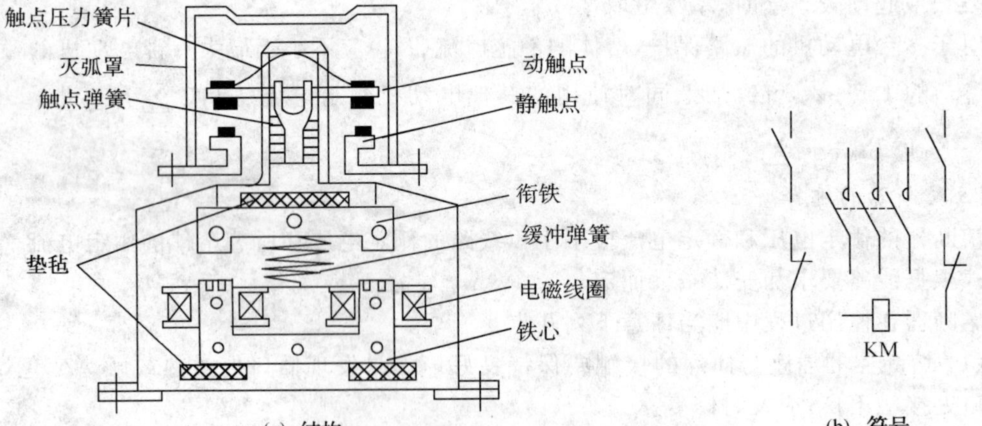

(a) 结构　　(b) 符号

图 5.4.1　交流接触器的结构和符号

1. 电磁系统

电磁系统由线圈、动铁心、静铁心组成。铁心用相互绝缘的硅钢片叠压铆成,以减少交变磁场在铁心中产生涡流及磁滞损耗,避免铁心过热。铁心上装有短路铜环,以减少衔铁吸合后的振动和噪声。铁心大多采用衔铁直线运动的双 E 形结构。交流接触器线圈在其额定电压的 85%～105%时,能可靠地工作。电压过高,则磁路严重饱和,线圈电流将显著增大,有被烧坏的危险;电压过低,则吸不牢衔铁,触头跳动,影响电路正常工作。

2. 触头系统

触头系统是接触器的执行元件，用以接通或分断所控制的电路，必须工作可靠，接触良好。主触头在接触器中央，触头较大。复合辅助触头，分别位于主触头的左右侧，上方为辅助常闭触头，下方为辅助常开触头。辅助触头用于控制电路，常起电气联锁作用，故又称联锁（自保或互锁）触头。

3. 灭弧装置

交流接触器在分断大电流电路时，往往会在动、静触点之间产生很强的电弧。电弧是触点间气体在强电场作用下产生的放电现象。电弧一方面会烧伤触点，另一方面会使电路的切断时间延长，甚至引起其他事故。因此，灭弧是接触器的主要任务之一。电弧的熄灭方法一般采用双断口结构的电动力灭弧和半封闭式绝缘栅片陶土灭弧罩。前者适用于容量较小（10A 以下）的接触器，而后者适用于容量较大（20A 以上）的接触器。

5.4.2 工作原理

当交流接触器的电磁线圈通电后，产生磁场，使静铁心产生足够的吸力，克服反作用弹簧与动触头压力弹簧片的反作用力，将衔铁吸合，使动触头和静触头的状态发生改变，其中三对常开主触头闭合。常闭辅助触点首先断开，接着，常开辅助触点闭合。当电磁线圈断电后，由于铁心电磁吸力消失，衔铁在反作用弹簧作用下释放，各触头也随之恢复原始状态。

5.4.3 型号和主要技术数据

1. 型号

交流接触器型号（CJ□—□）的含义为：

C——接触器；J——交流；□——设计序号：□——主触头额定电流。

2. 额定电压

接触器铭牌上的额定电压是指主触头能够承受的电压。

3. 额定电流

接触器铭牌上的额定电流是指主触头能够通过的电流。

4. 吸引线圈的额定电压

吸引线圈的额定电压等于控制电路的电压。交流有 36V，110V，220V，380V 等。

5. 额定操作频率

接触器每小时允许的操作次数，一般为 600 次/小时。

5.4.4 接触器的选用

根据所控制对象电流类型来选用交流或直流接触器。如控制系统中主要是交流对象，而直流对象容量较小，也可全用交流接触器，但触头的额定电流要选大些。

接触器的额定电压应大于或等于负载回路的额定电压。主触头的额定电流应大于或等于负载的额定电流。在频繁起动、制动和正反转的场合，主触头的额定电流要选大一些。

线圈电压从人身及设备安全角度考虑，可选择低一些。但从简化控制线路、节省变压器考虑，也可选用 380V。线圈电压应与控制电路电压一致。

接触器的触头数量和种类应满足控制电路要求。

5.5 继电器

继电器是一种自动动作的电器。当给继电器输入电压、电流和频率等电量或温度、压力和转速等非电量并达到规定值时，继电器的触头便接通或分断所控制或保护的电路。继电器被广泛应用于电力拖动系统、电力保护系统以及各类遥控和通信系统中。

继电器一般由输入感测机构和输出执行机构两部分组成。前者用于反映输入量的高低；后者用于接通或分断电路。

继电器的种类很多。下面仅对几种常用继电器的结构、动作原理和用途作简单介绍。

5.5.1 电磁式电流、电压、中间继电器

电磁式继电器是电气控制系统中用得最多的一种继电器。其动作原理与接触器基本相同。它主要由电磁机构和触头系统组成，因为继电器无需分断大电流电路，故触头均采用无灭弧装置的桥式触头。

1. 电流继电器

根据线圈中电流的大小而动作的继电器称为电流继电器。这种继电器的线圈导线粗、匝数少，能通过大电流，串联在主电路中。当线圈中电流高于整定值而动作的继电器称为过电流继电器，低于整定值而动作的称为欠电流继电器。JT4 系列电流继电器的外形结构和图形符号如图 5.5.1 所示。

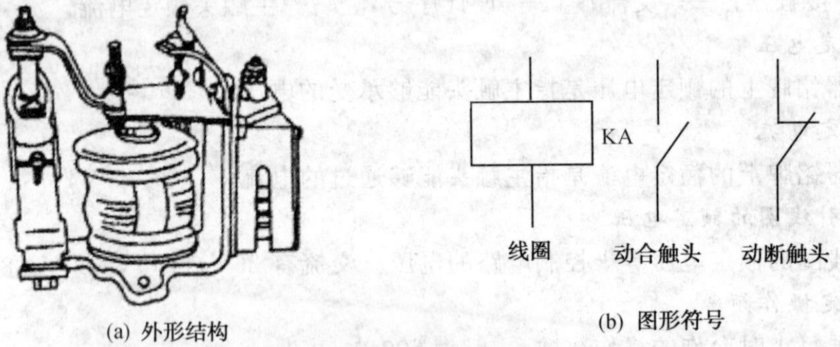

(a) 外形结构　　(b) 图形符号

图 5.5.1 电流继电器

过电流继电器在正常工作时电磁吸力不足以克服反力弹簧的力，衔铁处于释放状态；当线圈电流超过某一整定值时，衔铁动作，于是常开触点闭合，常闭触点断开。瞬动型过电流继电器常用于电动机的短路保护；延时动作型常用于过载兼具有短路保护。有的过电流继电器带有手动复位机构。发生过电流时，继电器衔铁动作后不能自动复位，只有当操作人员检查并排除故障后，采用手动松掉锁扣机构，衔铁才能在复位弹簧作用下返回，从而避免重复过电流事故的发生。

欠电流继电器是当线圈电流降到低于某一整定值时释放的继电器，所以在线圈电流正

常时衔铁是吸合的。这种继电器常用于直流电动机和电磁吸盘的失磁保护。

2. 电压继电器

根据电压大小而动作的继电器称为电压继电器。这种继电器线圈的导线细、匝数多，并联在主电路中。电压继电器有过电压继电器和欠电压(或零压)继电器之分。

过电压继电器是当电压超过规定电压高限时，衔铁吸合，一般动作电压为(105%～120%)U_N以上时，对电路进行过电压保护；欠电压继电器是当电压不足于所规定的电压低限时，衔铁释放，一般动作电压为(40%～70%)U_N以下时对电路进行欠压保护；零压继电器在电压降为(10%～35%)U_N时对电路进行零压保护。

3. 中间继电器

中间继电器本质上是电压继电器，它是用来远距离传输或转换控制信号的中间元件。它输入的是线圈的通电或断电信号，输出的是多对触头的通断动作。因此，它可用于增加控制信号的数目；因为触头的额定电流大于线圈的额定电流，故它又可用来放大信号。

常用的中间继电器有 JZ7、JZ8 等系列。JZ7 系列中间继电器的外形与结构如图 5.5.2 所示。

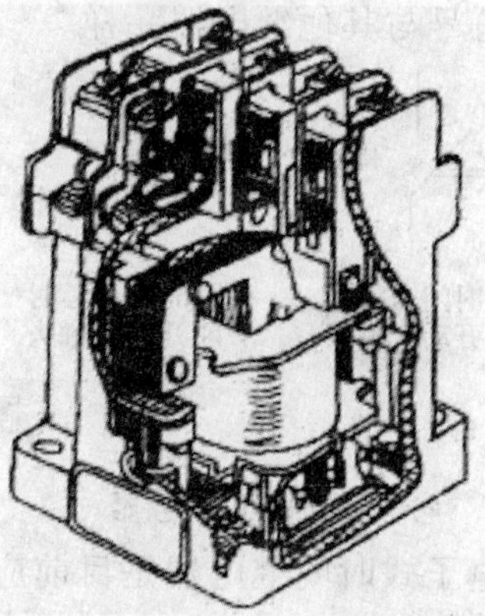

图 5.5.2 JZ7 系列中间继电器

该继电器的结构与交流接触器相似，由静铁心、动铁心、线圈、触头系统、反作用弹簧和复位弹簧等组成。其触头对数较多，没有主、辅触头之分，各对触头允许通过的额定电流是一样的，都为 5A。吸引线圈的额定电压有 12V、24V、36V、110V、127V、220V、380V 等多种，可供选择。

5.5.2 时间继电器

当继电器的感测部分接受输入信号后，经过一段时间才能使执行部分动作的这类继电器称为时间继电器。时间继电器主要有空气阻尼式、电动式以及电子式等几大类；延时方式有通电延时和断电延时两种。

1. 空气阻尼式时间继电器

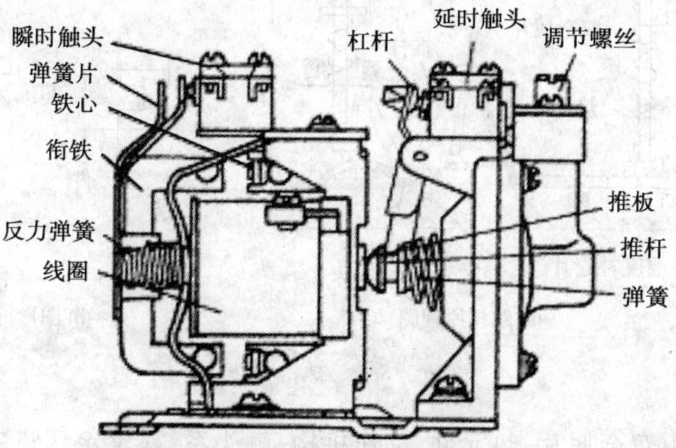

图 5.5.3 JS7-A 系列时间继电器

空气阻尼式时间继电器又称气囊式时间继电器。它是利用空气阻尼的作用来达到延时的。JS7-A 系列空气阻尼式时间继电器如图 5.5.3 所示。

JS7-A 时间继电器由电磁系统、触头系统和延时机构等组成。电磁铁采用直动式双 E 型；触头系统是借助桥式双断点微动开关，构成瞬时触头和延时触头两部分，供控制时选用；延时机构是利用气囊式阻尼器中空气通过小孔时产生阻尼作用来延时的，旋转调节螺钉，改变进气孔的大小，就可调节延时时间的长短。这种继电器分为通电延时和断电延时两种型式。

时间继电器的文字符号为 KT，各种常开、常闭触头的符号比较复杂，如图 5.5.4 所示。线圈符号与其他继电器一样。

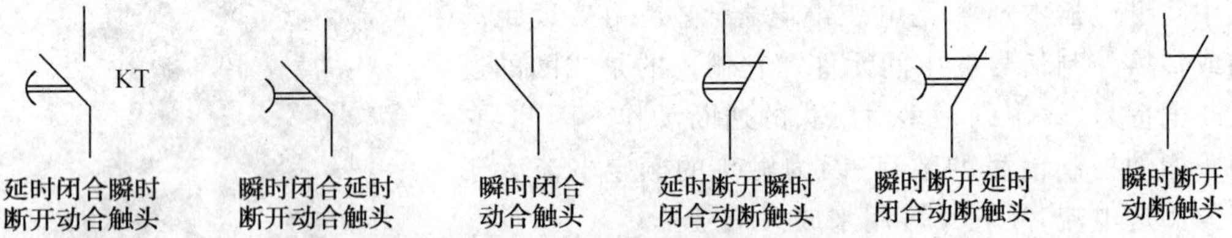

图 5.5.4　时间继电器的触头符号

2. 电子式时间继电器

电子式时间继电器是目前应用比较广泛的时间继电器。它具有体积小、重量轻、延时时间长(可达几十小时)、延时精度高、调节范围广(0.1s～9 999min)、工作可靠和使用寿命长等优点，将逐渐取代机电式时间继电器。

5.5.3　热继电器

热继电器是根据电流通过发热元件所产生的热量，使双金属片受热弯曲而推动执行机构动作的一种电器。双金属片式热继电器结构简单，体积小，成本低，应用广泛。它主要用于电动机的过载、缺相以及电流不平衡的保护。图 5.5.5 为热继电器的结构原理图和图形符号。

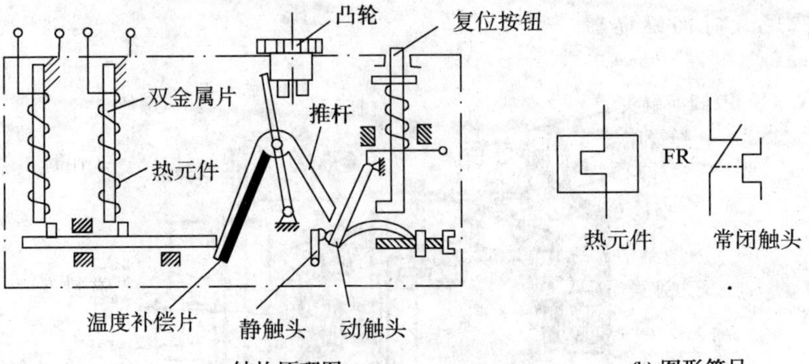

图 5.5.5　热继电器

热继电器主要由双金属片、热元件、动作机构、触头系统、整定调整装置及温度补偿元件等组成。双金属片与发热元件串接在接触器的负载端，即主电路中，流过负载电流。动触头与静触头串接于控制电路的接触器线圈回路中。当负载电流超过整定电流值并经过一定时间后，发热元件所产生的热量足以使双金属片受热弯曲，使动触头与静触头分断，从而使接触器线圈断电释放，切断电路，保护电动机。电源切断后，电流消失，双金属片逐渐冷却，经过一段时间后恢复原状，于是动触头在失去作用力的情况下，靠自身弹簧的弹性复位。

这种热继电器也可采用手动复位，将螺钉向外调节到一定位置，使动触头弹簧的转动超过一定角度失去反弹性，在此情况下，即使双金属片冷却复原，动触头也不能自动复位，必须按下复位按钮才能使动触头弹簧恢复到具有弹性的角度，使之与静触头恢复闭合。这在某些要求故障未被消除时防止带故障再投入运行的场合是必要的。

热继电器的主要技术数据是整定电流。所谓整定电流是指长期通过发热元件而不动作的最大电流。电流超过整定电流20%时，热继电器应当在20min内动作，超过的数值越大，则发生动作的时间越短。整定电流的大小在一定范围内可以通过旋转凸轮来调节。选用热继电器时应取其整定电流等于电动机的额定电流。

热继电器型号(JR□—□/□D)的含义为：

JR——热继电器；□——设计序号；□——额定电流；/□——相数；D——带缺相保护。

使用热继电器时必须注意，它不能起短路保护作用。在发生短路时，要求立即断开电路，而热继电器由于热惯性不能立即动作。但这个热惯性也有好处，在电动机起动或短时过载时，热继电器不会动作，避免电动机不必要的停车。

星形连接的电动机可选二相或三相结构式的热继电器。当发生一相断路时，另两相发生过载，由于流过热元件的电流(线电流)就是电动机绕组的电流(相电流)，故二相或三相结构都可起保护作用。

而对于三角形连接的电动机，在运行中若有一相断电，这时的线电流将近似等于电流较大那一相的1.5倍，由于热继电器整定电流为电动机额定电流，若采用二相结构的热继电器，这时热继电器不会动作，但电流较大的那一相电流超过了额定值，就有过热的危险。若采用三相带缺相保护的热继电器，则热继电器在缺相时由于三相电流不平衡而动作，使电动机停转而得到保护。

5.5.4 速度继电器

速度继电器是一种当转速达到规定值时动作的继电器。它常用于电动机反接制动的控制电路中，当反接制动的转速下降到接近零时，它能自动及时地切断电路。速度继电器由转子、定子和触头三部分组成。图5.5.6所示是JY1型速度继电器的结构和图形符号，它的工作原理与鼠笼式异步电动机相似。

速度继电器的转子是一块永久磁铁，与电动机或机械转轴连在一起，随轴转动。它的外边有一个可以转动一定角度的外环，装有鼠笼型绕组。当转轴带动永久磁铁旋转时，定子外环中的笼型绕组因切割磁力线而产生感应电动势和感应电流，该电流在转子磁场作用下产生电磁转矩，使定子外环跟随转动一个角度。如果永久磁铁逆时针方向转动，则定子外环带着摆杆向右，使右边的动断触点断开，动合触点接通；当永久磁铁顺时针方向旋转时，使左边的触头改变状态。当电动机转速较低(如小于100r/min)时，触头复位。

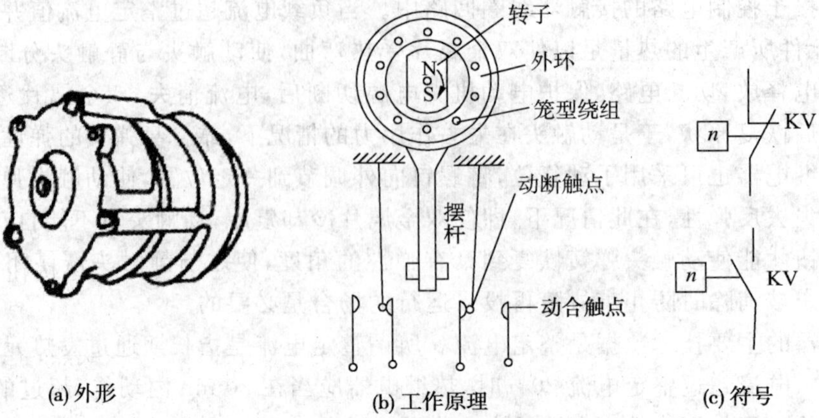

图 5.5.6 速度继电器

思考题与习题

1. 什么是低压电器？按动作方式不同可以分为哪两类？按用途不同可分为哪几类？常用的低压电器有哪些？

2. 在使用和安装 HK 系列刀开关时，应注意些什么？

3. 转换开关的用途是什么？

4. 小容量电动机需要正、反转控制时应选用什么开关？

5. 自动开关一般具有哪几种保护功能？

6. 常见的主令电器有哪几种？

7. 画出各种按钮的图形符号。按钮的颜色是如何规定的？

8. 行程开关的作用是什么？

9. 熔断器的作用是什么？熔体的额定电流是如何选择的？

10. 交流接触器有什么用途？其型号 CJ10-60 的含义是什么？

11. 常用的继电器有哪些？分别画出它们的符号。

12. 继电器中电压线圈与电流线圈在结构上有什么区别？能否互换？

13. 空气阻尼式时间继电器延时的工作原理是什么？

14. 电动机起动时电流很大，为什么热继电器不会动作？

15. 在电动机控制电路中，熔断器与热继电器能否互换？为什么？

16. 交流接触器线圈断电后，触头不能复位，电动机不停，请分析故障原因，应如何处理？

第 6 章　电气控制线路

电力拖动控制线路由各种电气元件组成，使用最广泛和最基本的是由按钮、接触器、继电器等有触头电器组成的继电器-接触器控制线路。这种控制线路比较简单、易于掌握。它与无触头的电子线路相比，虽然存在体积大、寿命短、可靠性比较差等缺点，但由于使用方便，对操作、维护人员技术要求低，因此目前交流异步电动机的控制线路绝大部分仍由继电器、接触器等有触头电器所组成。

本章主要讨论异步电动机的继电器-接触器控制的基本环节、原理、线路以及在实际系统中的应用。

6.1　电动机起动、停止控制线路

除了用闸刀开关或组合开关直接起动和停止小型电动机以外，一般电动机的控制线路都由多种电器连接而成。其原理电路图分为主电路和辅助电路两部分，电动机等元件通过大电流的电路称为主电路，接触器或继电器线圈等元件通过小电流的电路称为辅助电路或控制电路。一个电器元件的各部分在原理电路中不一定画在一起，可以按画图的方便分开来画，但必须要用规定的图形符号和文字符号来表示。

6.1.1　点动与长动控制

1. 点动控制线路

所谓点动，即按下按钮时电动机转动工作，松开按钮时电动机停止工作。生产机械在调整状态时，需要进行点动控制。点动控制线路如图 6.1.1 所示，它由起动按钮 SB1、热继电器 FR 和接触器 KM 组成。其控制过程如下：合上电源开关 QS，按下按钮 SB1，接触器 KM 的吸引线圈通电，动铁心吸合，其常开主触头 KM 闭合，电动机接通电源开始运转；松开 SB1 后，接触器的吸引线圈断电，动铁心在弹簧力作用下与静铁心分离，常开主触头断开，电动机断电停转。

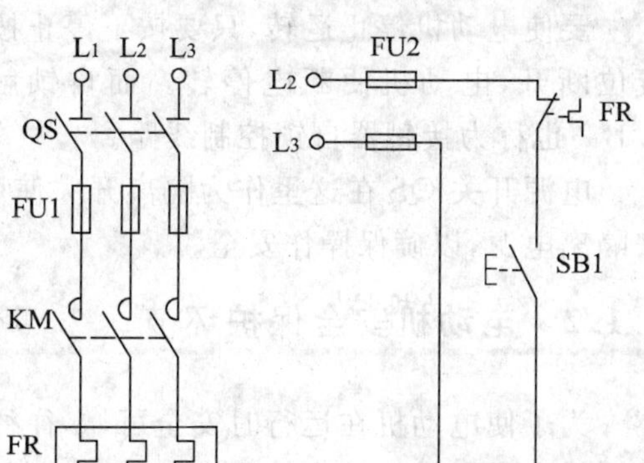

图 6.1.1　点动控制线路

点动控制线路主要用在电动机短时运行的控制，例如调整机床的主轴、快速进给、镗床和铣床的对刀、试车等。

2. 长动控制线路

电动机在起动以后，如果没有发出停止信号，电动机将连续工作下去，这种控制称为连续工作控制或长动控制，图 6.1.2 就是这种控制的典型线路。

在图 6.1.2 中，主电路由电源开关 QS、熔断器 FU1、接触器主触头 KM、热继电器发热元件 FR 和电动机 M 组成；辅助电路由停止按钮 SB1、起动按钮 SB2、按触器线圈 KM 和热继电器的常闭触头 FR 组成。注意这里有一个接触器的辅助常开触头 KM 与 SB2 并联，这种并联电路只要有一条支路接通，整个电路就被接通；只有所有支路断开时，电路才被切断。而停止按钮 SB1 和热继电器的常闭触头是串联接在电路中，显然，对于串联电路，只要有一处被切断，整个电路就被断开。

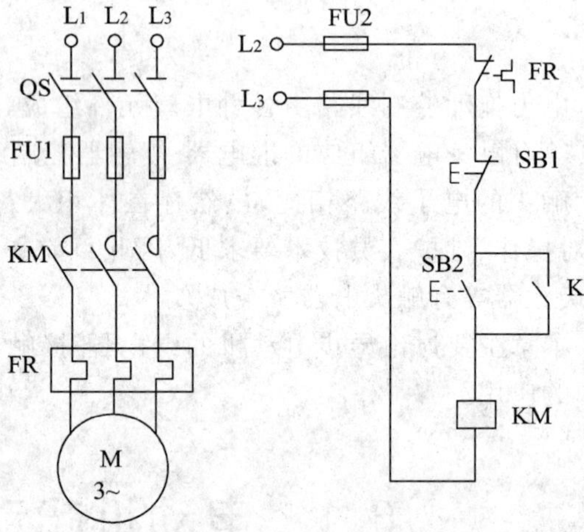

图 6.1.2 长动控制线路

工业上常将按钮、接触器和热继电器组合成套，用于异步电动机的起停控制，称为磁力起动器。

电动机起动时，合上电源开关 QS，接通三相电源，按下起动按钮 SB2，接触器 KM 的吸引线圈通电，动铁心被吸合带动其三个主触头闭合，电动机接通三相电源就直接起动。同时，在控制电路与起动按钮 SB2 并联的接触器辅助常开触头 KM 闭合。当松开按钮 SB2 时，虽然按钮的常开触头在弹簧作用下断开，但接触器 KM 的吸引线圈仍保持通电状态，接触器通过自己的辅助常开触头使其继续保持通电动作的状态，称为接触器的自锁或自保。这个辅助常开触头称为自锁（或自保）触头。

要使电动机停止运转，只要按下停止按钮 SB1，接触器线圈 KM 断电，它的主触头全部复位断开，电动机便断电停转。而自锁触头 KM 也复位断开，失去自锁作用。因此，图 6.1.2 也称为接触器自锁控制线路。

电源开关 QS 在这里作为隔离开关使用，当电动机或控制线路进行检查或维修时，用它来隔离电源，以确保操作安全。

6.1.2 电动机安全保护环节

为了使电动机在运行时安全可靠，往往需要采取保护措施。图 6.1.2 所示的控制线路除了能实现电动机的直接起动与停止控制以外，还可实现短路保护、失压保护和过载保护。

1. 短路保护

起短路保护作用的元件是熔断器 FU1 和 FU2，当电路中发生短路事故时，熔断器的熔丝（或熔片）立即熔断，电动机迅速停止。

2. 失压保护

若电动机不用接触器控制，而直接用闸刀开关或组合开关进行起停控制，在电源突然停电时未及时拉开开关，当电源恢复供电时，电动机自行起动，可能造成事故。用了接触器自锁控制以后，即使电源恢复供电，此时接触器线圈仍然断电，所有常开触头和自锁触头都复位断开，控制电路不会接通，电动机就不会自行起动，从而得到了保护。因此，接触器自锁控制线路不仅具有自锁作用，而且还具有失压保护作用。

3. 热继电器和过载保护

电动机输出的功率超过额定值就称为过载。过载时电动机的电流超过额定电流，会引起绕组发热，温度升高。若电动机温升超过允许温升就会影响电动机的寿命，甚至会烧坏电动机。因此必须对电动机进行过载保护。由热继电器FR实现电动机的长期过载保护。当电动机出现长期过载时，串接在电动机定子电路中的发热元件使双金属片受热弯曲，经联动机构使串接在控制电路中的常闭触头断开，切断KM线圈电路，KM复位，KM主触头断开电动机电源，实现过载保护。还应指出，由于热惯性，热继电器不能用作短路保护。故在电路中熔断器和热继电器这两个保护元件都是需要的。

6.2　电动机正反转控制线路

在生产上许多生产机械的运动部件都需要正反转工作，例如铣床工作台的前进与后退、主轴的正转与反转、磨床砂轮架的升降和起重机的提升与下降，等等。这就要求电动机能正反转。由异步电动机的工作原理可知，只要改变三相电源的相序即可改变电动机旋转方向，因此，电动机可逆旋转控制电路常用的有以下几种。

6.2.1　接触器互锁正反转控制线路

图6.2.1为接触器互锁正反转控制线路，KM1为正转接触器，KM2为反转接触器。

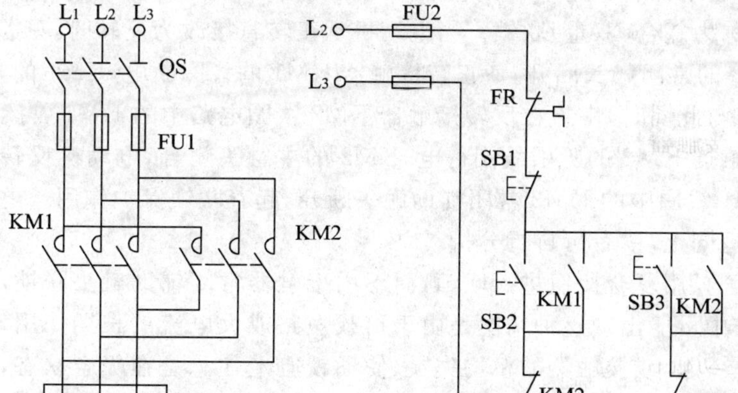

图6.2.1　接触器互锁正反转控制线路

在主电路中,KM1 的主触点和 KM2 的主触点可分别接通电动机的正转和反转电路。显然 KM1 和 KM2 两组主触点不能同时闭合,否则会引起电源短路。QS 为电源开关,FU 熔断器起短路保护作用,FR 热继电器起过载保护作用。

控制电路中,正、反转接触器 KM1 和 KM2 线圈支路分别串联了对方的常闭触点,在这种线路中,任何一个接触器接通的条件是另一个接触器必须处于断电释放状态。例如正转接触器 KM1 线圈被接通得电,它的辅助常闭触点被断开,将反转接触器 KM2 线圈支路切断,KM2 线圈在 KM1 接触器得电的情况下是无法接通得电的。反之 KM2 线圈得电后, KM1 线圈也就无法得电了。两个接触器之间的这种相互关系称为"互锁"(或联锁)。在图 6.2.1 所示电路中,互锁是依靠电器元件通过电气的方法来实现的,所以也称为电气互锁。实现电气互锁的触点称为互锁触点。图中所示接触器互锁正、反转控制电路工作原理为:按下正转起动按钮 SB2,正转接触器 KM1 线圈得电,一方面 KM1 主电路中的主触点和自锁触点闭合,使电动机正转;另一方面,常闭触点 KM1 断开,切断反转接触器 KM2 线圈支路,使得它无法得电,实现互锁。此时,即使按下反转起动按钮 SB3,反转接触器 KM2 线圈因 KM1 互锁触点断开也不会得电。

要实现反转控制,必须先按下停止按钮 SB1,切断正转控制电路,然后才能起动反转控制电路。

同理可知,反转起动按钮 SB3 按下(正转停止)时,反转接触器 KM2 线圈得电,一方面接通主电路反转主触点和控制电路反转自锁触点;另一方面正转互锁触点断开,使正转接触器 KM1 线圈支路无法接通,进行互锁。接触器互锁正、反转控制线路存在的主要问题是,从一个转向过渡到另一个转向时,要先按停止按钮 SB1,不能直接过渡,显然这是十分不方便的。

6.2.2 复合联锁正反转控制线路

在图 6.2.2 所示控制线路中,由于采用了接触器常闭辅助触头的电气联锁和复式按钮的机械联锁,故称为复合(双重)联锁。当电动机从正转直接改为反转时,只需要按下反转起动按钮 SB3,SB3 的常闭触头断开,使正转接触器 KM1 的线圈断电,KM1 的主触头断开,电动机停止正转。与此同时,串接在反转接触器 KM2 线圈电路中的 KM1 常闭辅助触头恢复闭合,使反转接触器 KM2 的吸引线圈得电,KM2 的主触头闭合,电动机反转。同时串接在正转接触器 KM1 线圈中的 KM2 常闭辅助触头断开,起着联锁保护作用。电动机从反转直接改为正转,原理同上,读者可自行分析。

应该指出,若只用复合按钮进行联锁,而不用接触器常闭辅助触头联锁,控制是不可靠的。在实际工作中可能出现这种情况是由于负载短路或大电流的长期作用,主触点被强烈的电弧"熔焊"在一起,或接触器的机构失灵,使动铁心卡住总是在吸合状态,这都可能使主触头不能断开,这时如另一只接触器动作,就会造成电源短路事故。

如果再用接触器常闭触头联锁,则不论是什么原因,只要有一个接触器是通电状态,它的常闭辅助触头就必然将另一个接触器吸引线圈电路切断,可避免事故的发生。

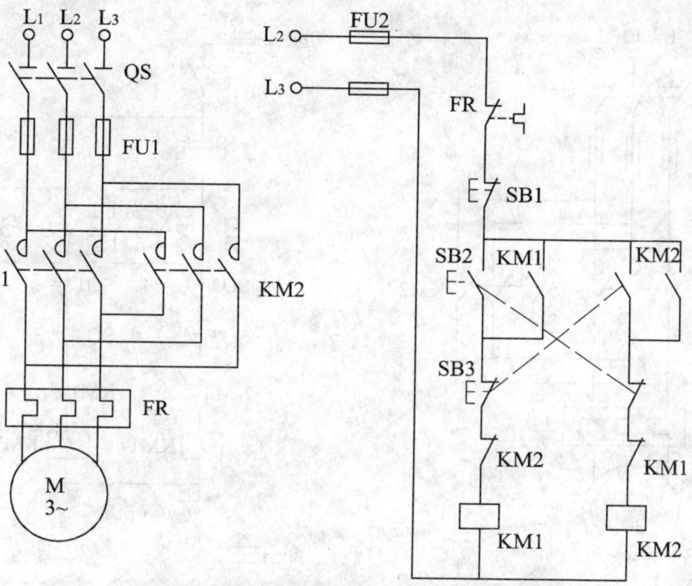

图 6.2.2 复合联锁正反转控制线路

6.2.3 行程开关控制的具有自动往返功能的可逆旋转电路

生产机械的运动部件往往有行程限制，为此常用行程开关来作控制元件控制电动机的正反转，实质上，是在图 6.2.1 中的正、反转接触器的自锁电路与互锁电路的基础上，增加由行程开关常开触头并联在起动按钮常开触头两端构成另一条自锁电路，由行程开关常闭触头串联在接触器线圈电路中构成互锁电路，再考虑运动部件的运动限位保护，即构成图 6.2.3电路所示的行程开关控制实现自动往返运动的电动机可逆旋转电路。图中 SB1 为停止按钮，SB2、SB3 为电动机正、反转起动按钮，SQ1 为电动机反转转正转行程开关，SQ2 为电动机正转转反转行程开关，SQ3 为正向运动极限保护行程开关，SQ4 为反向运动极限保护行程开关。

当按下正转起动按钮 SB2 时，电动机正向起动旋转，拖动运动部件前进，当运动部件上的撞块压下换向行程开关 SQ2，正转接触器 KM1 断电释放，反转接触器 KM2 通电吸合，电动机由正转变为反转，拖动运动部件后退。当运动部件上的撞块压下换向开关 SQ1 时，又使电动机由反转变为正转，拖动运动部件前进，如此循环往复，实现电动机可逆旋转控制，拖动运动部件实现自动往返运动。当按下停止按钮 SB1 时，电动机便停止旋转。行程开关 SQ3、SQ4 安装在运动部件的正、反向极限位置。当由于某种故障，运动部件到达换向开关位置时，未能切断 KM1 或 KM2，运动部件继续移动，撞块压下极限行程开关 SQ3 或 SQ4，使 KM1 或 KM2 断电释放，电动机停止，从而避免运动部件由于越出允许位置而导致事故发生。因此，SQ3、SQ4 起限位保护作用。该图采用按钮互锁，可实现直接由正向转反向或由反向转正向，无须按下停止按钮再操作。

这种用行程开关按运动部件的行程位置进行的控制，称为行程控制原则。行程控制是机械设备自动化和生产过程自动化中应用最广泛的控制方法之一。

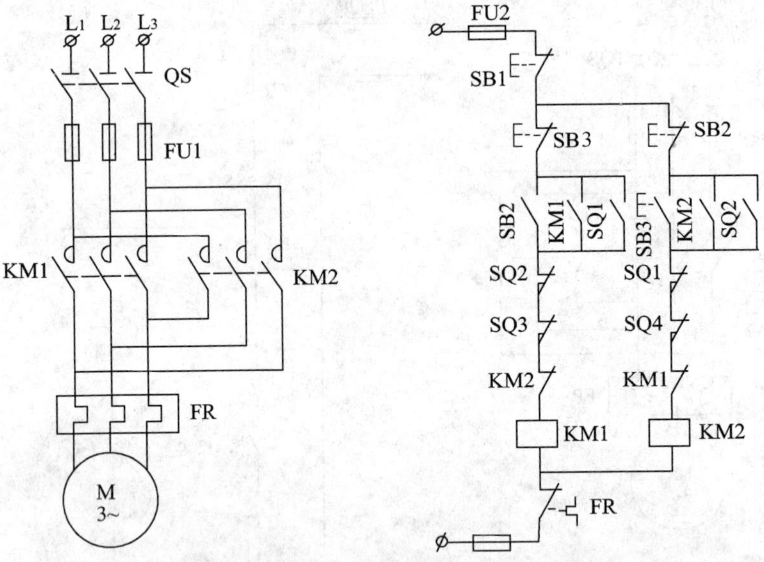

图 6.2.3 行程开关控制的具有自动往返功能的可逆旋转电路

在机床的控制线路中，上述联锁关系应用极为广泛。凡是相反动作，例如工作台的上下、左右移动，机床主轴电动机必须在油泵电动机工作后才能起动，铣床的主轴电动机起动后，工作台才能移动等等，都需要类似上述联锁控制。因此，联锁环节不仅可以用在电动机正反转控制线路中，防止电源短路，而且还可用在两台电动机不准同时运行的控制线路中，也可用在两台电动机顺序联锁起动的控制线路中。在实际工作中，若要求两台电动机不准同时运行，且无先后顺序要求，则联锁控制线路可仿照电动机正反转控制线路中的联锁方法处理。

6.3 顺序控制线路

许多生产机械对多台电动机的起动和停止有一定的要求，必须按预先设计好的次序先后起、停。例如：某些机床常要求先起动油泵电动机，然后才能起动主轴电动机；摇臂钻床中摇臂的松开、移动、夹紧等动作要求按一定的顺序完成。这都要求几台电动机按一定顺序工作，能够实现这种控制要求的电路，就是顺序控制。

图 6.3.1 为顺序控制线路图。图(a)是主电路，接触器 KM1 和 KM2 分别控制两台电动机 M1 和 M2。图(b)、(c)、(d)是不同的控制电路，其共同点是 KM1 常开触点串联在 KM2 线圈电路中，所以只有在 M1 电动机起动后，M2 电动机才能起动，电动机工作的顺序是 M1→M2。

以图(b)为例，线路工作原理为：按下 M1 电动机起动按钮 SB2，接触器 KM1 线圈得电，除了 KM1 的自锁触点和主触点闭合使 M1 电动机得电运转外，与接触器 KM2 线圈串联的 KM1 常开触点也闭合。只有在这种情况下，按下 SB3 按钮，接触器 KM2 线圈才能得电，从而起动电动机 M2。也就是说，电动机 M2 只能在电动机 M1 起动后才能起动。M2 可以不起动，但按下停止按钮 SB1 时，则同时停止电动机 M1 和 M2。

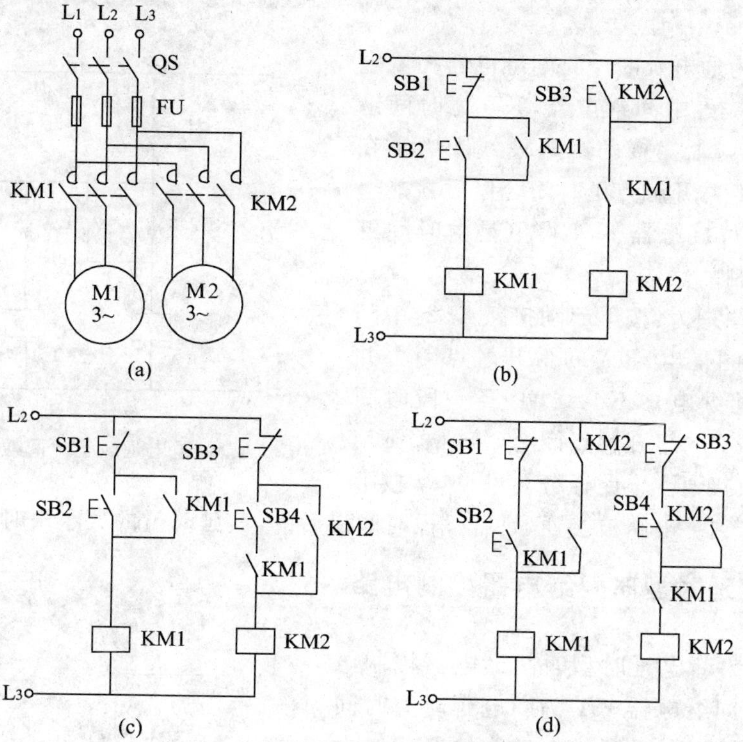

图 6.3.1　顺序控制线路

图 6.3.1(c)所示控制线路中，电动机 M1 起动后 M2 才能起动，而停止时，相互之间没有影响。图(d)所示控制线路中，起动情况与图(b)一样，停止时，由于常开触点 KM2 并联在起动按钮 SB1 两端，所以只有在 M2 停止后 M1 才能停止。

综上所述，顺序控制所采用的基本方法是用常开触点进行互锁，先起动的电动机的接触器常开触点串联到后起动电动机的接触器线圈中；先停止的电动机的接触器常开触点并联到后停止电动机的停止按钮两端。

6.4　时间控制线路

在自动控制系统中，常用到以时间为参数的控制电路。例如，两个运动部件按一定时间间隔先后起动，某些机械设备按一定时间要求完成相应的工作等，这些都属于时间控制。

时间控制是利用时间继电器来完成的。常用的延时控制电路有通电延时型时间继电器和断电延时型时间继电器控制电路两大类。

6.4.1 通电延时型继电器控制电路

图 6.4.1 为通电延时型时间继电器控制电路图。图中 KA 为中间继电器，KT 为时间继电器，KM 为接触器。接触器 KM 线圈必须在时间继电器 KT 常开触点延时闭合以后才能够得电，也就是说，接触器 KM 得电是由时间继电器延时量控制的。

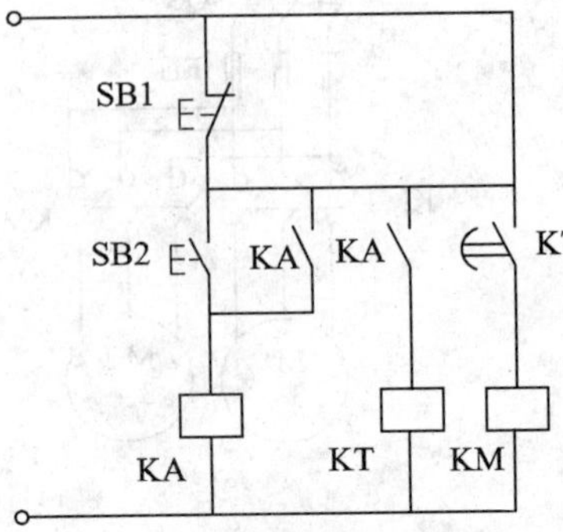

图 6.4.1 通电延时型时间继电器控制电路

电路工作原理为：按下起动按钮 SB2，中间继电器 KA 线圈得电，KA 的常开触点闭合并自锁，接通时间继电器 KT 线圈，经一段时间 Δt 的延时后，KT 的常开触点闭合，接触器 KM 线圈得电，完成接通主电路任务。可见，从按下起动按钮 SB2，到主电路被接通，是有一段时间滞后的，其延时量的大小由时间继电器决定。

6.4.2 断电延时型时间继电器控制电路

图 6.4.2 为断电延时型时间继电器控制电路图。图中时间继电器 KT 为断电延时型时间继电器。其常开延时断开触点动作情况比通电型时间继电器复杂一些。在 KT 线圈得电时，该触点立即闭合；KT 线圈断电时，经延时后该触点断开。

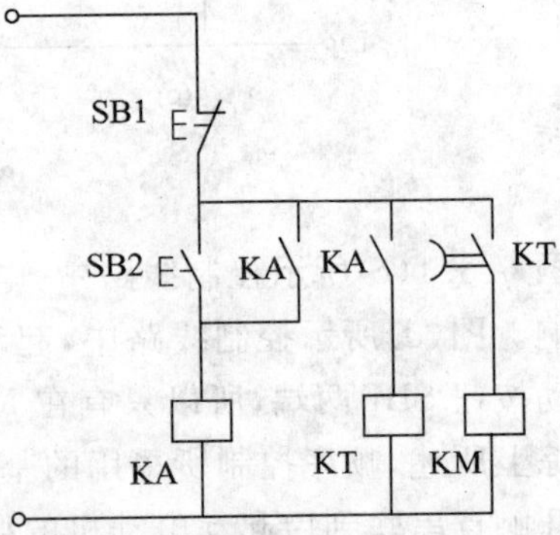

图 6.4.2 断电延时型时间继电器控制电路

电路工作原理为：按下按钮 SB2，中间继电器 KA 线圈得电，其自锁触点闭合，在实现自锁的同时，另一常开触点闭合，使时间继电器 KT 线圈得电，因该时间继电器为断电延时型时间继电器，所以它的常开触点立即闭合，串联在同一电路的接触器 KM 线圈得电，主电路工作。按下按钮 SB1 时，中间继电器 KA 和时间继电器 KT 的线圈相继断电，但时间继电器的常开触点仍然保持闭合，经过一定的延时 Δt（由 KT 决定）后，该触点才断开，从而主电路断电。

6.5 异步电动机降压起动控制线路

三相异步电动机采用直接起动，控制电路简单，但当电动机容量较大时，起动电流过大，应采用降压起动。有时即便是允许采用直接起动的电动机，由于起动电流可能会明显地影响电网中其他电气设备的正常运行，所以就应考虑采取措施将起动电压降下来，等起动完毕后再恢复全压运行。

三相笼型异步电动机降压起动方法有定子电路串电阻或电抗器降压起动、自耦变压器降压起动、Y/Δ 降压起动、延边三角形降压起动等。虽然方法各异，但都是为了减小起动电流，从而减小线路电压降，当电动机转速上升到接近额定转速时，再将电动机定子绕组电压恢复到额定电压，电动机进入正常运行。在起动过程中，时间、转速、电流等参数都发生变化。下面讨论几种常用的降压起动控制线路。

6.5.1 定子绕组串接电阻或电抗器降压起动控制线路

在三相异步电动机定子绕组串接电阻或电抗器起动时，起动电流在电阻或电抗上产生电压降，使电动机定子绕组上的电压低于电源电压，起动电流减小。待电动机转速接近额定转速时，再将电阻或电抗短接，使电动机在额定电压下运行。电抗器减压起动通常用于高压电动机，电阻减压起动一般用于低压电机。这种起动方式不受电动机接线形式的限制，较为方便。但串电阻起动时，在电阻上消耗大量的电能，所以不宜用于经常起动的电机上。若用电抗器代替电阻，虽能克服这一缺点，但设备费用较大。

图 6.5.1 为按时间原则自动短接电阻的降压起动控制线路。图中 KM1 为起动接触器，KM2 为运行接触器，KT 为时间继电器。

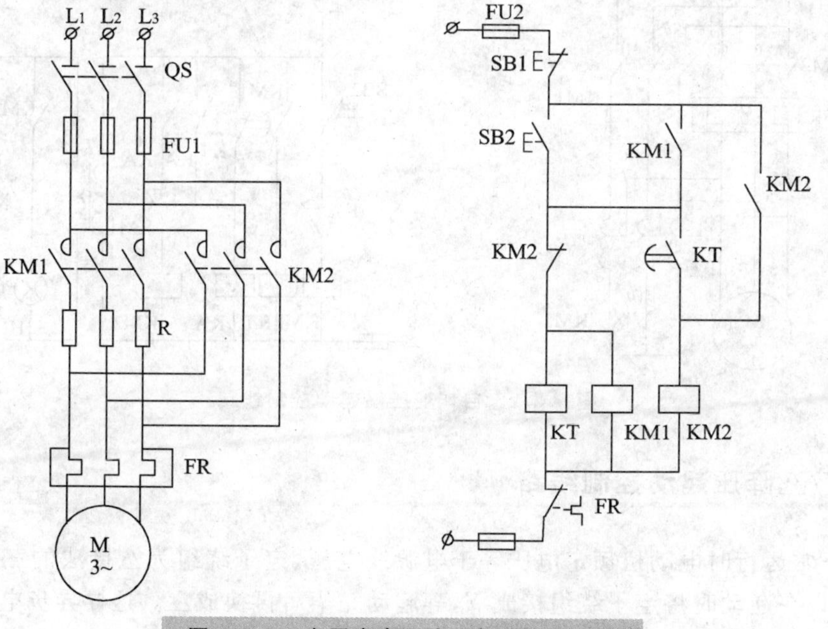

图 6.5.1 定子串电阻降压起动控制线路

电路工作情况是：合上电源开关 QS，按下起动按钮 SB2，KM1、KT 线圈同时通电并自锁，此时电动机定子绕组串接电阻 R 进行降压起动。当电动机转速接近额定转速时，时间继电器 KT 通电延时闭合触头闭合，KM2 线圈通电并自锁，KM2 常闭触头断开并切断 KM1、KT 线圈电路，使 KM1、KT 断电释放。于是实现了先由 KM1 主触头串接定子回路电阻降压起动，后由 KM2 主触头短接定子电阻，电动机经 KM2 主触头在全压下进入正常运转。

6.5.2 自耦变压器降压起动控制线路

对于容量较大，正常运行时定子绕组 Y 接法的异步电动机，可采用自耦变压器降压起动。

图 6.5.2 中 KM1 为降压起动接触器，KM2 为运行接触器，KA 为中间继电器，KT 为降压起动时间继电器，HL1 为电源指示灯，HL2 为降压起动指示灯，HL3 为正常运行指示灯。

减压起动用自耦变压器称为补偿减压起动器，有手动和自动操作两种形式，手动操作的起动补偿器有 QJ3、QJ5 等型号，自动操作的起动补偿器有 XJ01 型和 CTZ 系列等。

控制线路的工作原理如下：

$QS^{+} \rightarrow SB2^{\pm} \rightarrow KM1^{+}_{自锁} \rightarrow KM2^{-} \rightarrow$ 降压起动 $\rightarrow \Delta t \rightarrow KA^{+}_{自锁} \rightarrow KM1^{-} \rightarrow KM2^{+} \rightarrow$ 正常运行

（KA^{-}、KT^{+}）　　　　　　　　　　　　　　（KT^{-}）

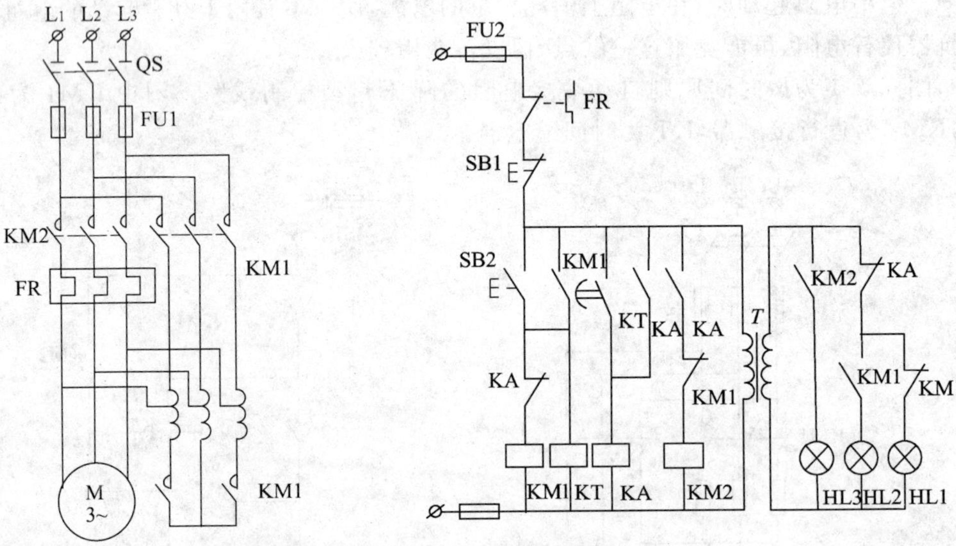

图 6.5.2 自耦变压器起动控制线路

6.5.3 Y/△降压起动控制线路

对于正常运行时电动机额定电压等于电源线电压，定子绕组为△接法的三相交流异步电动机，可以在起动时将定子绕组接成 Y，等起动完毕后再换成△。这样异步电动机起动时电压降低到正常工作的 $1/\sqrt{3}$，达到降压的目的。

图 6.5.3 为三接触器式星形-三角形起动电路，其中 KM1 为接通三相电源，KM2 将定子绕组接成三角形，KM3 将定子绕组接成星形。

线路工作原理分析如下：

$QS^{+} \rightarrow SB2^{\pm} \rightarrow KM1^{+}_{自锁} \rightarrow KM2^{-} \rightarrow$ 降压起动 $\rightarrow \Delta t \rightarrow KM3^{-} \rightarrow KM2^{+} \rightarrow$ 正常运行

（$KM3^{+}$、KT^{+}）　　　　　　　　　　　　　（$KM1^{+}$、KT^{-}）

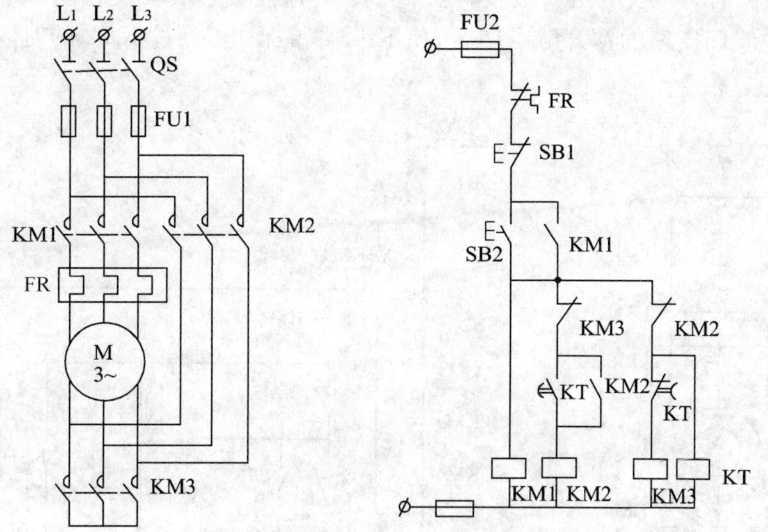

图 6.5.3 Y/△起动控制线路

6.6 绕线型异步电动机起动控制

与笼型异步电动机不同，绕线型异步电动机的转子回路可以通过滑环与外部电路连接。例如串入电阻或电抗，就可以限制起动电流，同时还能提高转子功率因数和增加起动转矩。为了减小起动电流的冲击，一般转子串电阻起动采取分段切除起动电阻的方法。

6.6.1 绕线型异步电动机转子串电阻起动控制线路

绕线型异步电动机转子串电阻起动用于限制起动电流，提高起动转矩。一般是在转子回路串入多级电阻，利用接触器的主触点分段切除，使绕线型电动机的转速逐级提高，最后达到额定转速而稳定运行。

利用时间继电器控制绕线式异步电动机转子串电阻三级起动线路见图 6.6.1 所示。图中转子回路所串的电阻分成三级，并按星形方式连接。起动前，起动电阻全部接入电路限流。在起动过程中，随转子转速的不断上升，起动电流逐步下降，逐级短路起动电阻，直至起动完毕，起动电阻全部被短接，电动机在正常全压下运行。

线路工作原理为：按下起动按钮 SB2，接触器 KM1 线圈和时间继电器 KT1 线圈同时得电。KM1 线圈得电后，它的自锁触头闭合，实现对 KM1 线圈的自锁。主电路 KM1 主触点也闭合，三相电源经 KM1 闭合的主触点接入电动机定子绕组，此时电动机转子串 R_3、R_2、R_1 电阻起动。随着起动的进行，转子转速上升，时间继电器 KT1 延时时间到，KT1 延时触点动作。

KT1 延时闭合常开触点的闭合，使接触器 KM2 线圈得电，它的自锁触点闭合，实现对 KM2 线圈自锁。KM2 串联在 KT1 线圈的常闭触点断开，实现对 KT1 的互锁。主电路

KM2 主触点闭合，R_1 段电阻被短接，电动机转子串两段电阻继续起动。KM2 串联在时间继电器 KT2 线圈支路的常开触点闭合，使 KT2 线圈得电，经过 KT2 的时间整定值后，KT2 触点动作。

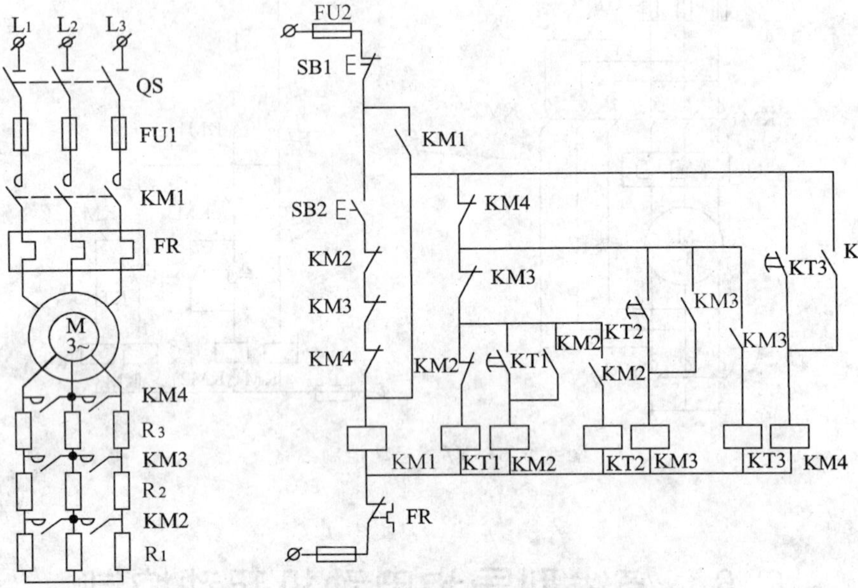

图 6.6.1　时间原则短接电阻起动线路

KT2 延时闭合的常开触点闭合，使接触器 KM3 线圈得电，它的自锁触点闭合，实现对 KM3 线圈的自锁。KM3 串联在 KT2 线圈的常闭触点断开，实现对 KT2 的互锁。主电路 KM3 主触点闭合，R_2 段电阻被短接，电动机转子串一段电阻继续起动。KM3 串联在时间继电器 KT3 线圈支路的常开触点闭合，使 KT3 线圈得电，经过 KT3 的整定时间后，KT3 触点动作。

KT3 延时闭合的常开触点闭合，使接触器 KM4 线圈得电，它的自锁触点闭合，实现对 KM4 线圈的自锁。KM4 串联在 KT3 线圈的常闭触点断开，实现对 KT3 的互锁。主电路 KM4 主触点闭合，R_3 段电阻被短接，三段电阻全部切除，电动机起动完毕，实现全压运行。

时间继电器控制自动切除转子电阻的起动方法，目前得到较广泛的应用。在图 6.6.1 电路中，接触器 KM2、KM3、KM4 分别在时间继电器 KT1、KT2、KT3 的控制下顺序短接起动电阻 R_1、R_2、R_3，正常全压运行时，只有 KM1 和 KM4 接触器的主触点闭合。这种工作方式为按时间原则控制的转子串电阻降压起动控制电路。

6.6.2 转子串频敏变阻器起动控制线路

三相绕线型异步电动机转子串电阻起动，在起动过程中，由于逐级短接电阻，电流与转矩突然增大，产生一定的机械冲击，同时铸铁电阻片或镍铬电阻丝比较粗笨，控制箱体积较大，为此，可采用频敏变阻器来替代转子电阻器。频敏变阻器的阻抗随转子电流频率的减小而自动减小，是绕线转子异步电动机较为理想的起动装置，常用于 300 kW 及以下的 380V 低压绕线型异步电动机的起动控制。

1. 频敏变阻器

频敏变阻器是一种由30～50mm厚的铸铁板或钢板叠成三柱式铁心，在铁心上分别套有线圈的电抗器。三个线圈接成星形，并与电动机转子绕组相串联。

电动机起动时，频敏变阻器通过转子电路获得交变电动势，呈现出电抗X。由于频敏变阻器铁心是由厚钢板制成，故在铁心中产生大的涡流损耗和少量的磁滞损耗，其在转子电路中相当于一个等效电阻R。且X与R大小都随转子电流频率的变化而变化。理论分析与实践证明，频敏变阻器等值电阻与电抗均近似与转差率的平方根成正比。所以，绕线型异步电动机串接频敏变阻器起动时，随着电动机转速的升高，转子频率的降低，其阻抗值自动减小，从而既限制了起动电流，又获得了大致恒定的起动转矩，实现了平滑无级的起动。

频敏变阻器结构简单，体积小，运行可靠，无需经常维修，但其功率因数低，起动转矩小，对于要求低速运转和起动转矩大的机械不宜采用。当电动机反接时，频敏变阻器等效阻抗最大，在电动机由反接制动到反向起动过程中，其等效阻抗随转子电流频率的减小而减小，使电动机在反接过程中转矩亦接近恒定。因此绕线型异步电动机转子串接频敏变阻器起动尤为适用于反接制动和需要频繁正反转工作的机械。

常用的频敏变阻器有BP1、BP2-700、BP4、BP6等系列。其中BP1分为轻载和重载起动两个系列；BP2-700为轻载起动用；BP4也分为轻载和重载起动两个系列；BP6为重载起动用。以BP6系列频敏变阻器为例，它能使电动机在2.5倍额定电流起动下得到1.3倍额定转矩的恒起动转矩，能起动带额定负载的电动机。

2. 频敏变阻器起动控制线路

将断路器、接触器、频敏变阻器、电流互感器、时间继电器、电流继电器与中间继电器等组合而成频敏起动控制箱(柜)。常用的有XQP系列频敏起动控制箱、CTT6121系列频敏起动控制柜、TG1系列控制柜等。其中TG1系列控制柜广泛应用于冶金、矿山、轧钢、造纸、食品、纺织与发电等厂矿企业。图6.6.2为TG1-K21型频敏起动电路图。可用来控制低压、45～280kW绕线型异步电动机的起动。图中KM1为线路接触器，KM2为短接频敏变阻器接触器，KT1为起动时间继电器，KT2为防止KA3在起动时误动作的时间继电器，KA1为起动中间继电器，KA2为短接KA3的中间继电器，KA3为过电流继电器，RD红色信号灯为电源指示灯，GN绿色信号灯为起动结束、进入正常运行指示灯，QF为断路器。

电路工作情况：合上断路器QF，RD红灯亮，电路电压正常，按下起动按钮SB2，KT1、KM1线圈同时通电并自锁，电动机定子接通三相电源，转子接入频敏变阻器起动，随着电动机转速上升，转子电流频率减小，频敏变阻器阻抗随之下降。当电动机转速接近额定转速时，时间继电器KT1动作，其触头闭合，使KA1线圈通电吸合，KA1的一触头使KM2线圈通电并自锁，同时GN绿色指示灯亮，KM2主触头将频敏变阻器短接，电动机起动过程结束，KA1的另一触头闭合，使KT2线圈通电吸合，经延时KT2动作，使KA2线圈通电并自锁，其触头动作，使过电流继电器KA3串入定子电路，对电动机进行过电流保护。所以电动机起动过程中，KA3是被KA2触头短接的，不致因电动机起动电流大而使KA3发生误动作。

时间继电器KT1延时时间略大于电动机实际起动时间，一般以大于电动机起动时间2～3s为最佳。过电流继电器KA3出厂时的整定电流整定为定子接触器KM1额定电流，在使用时应根据电动机实际负载大小来调整，以便发挥过电流速断保护的作用。

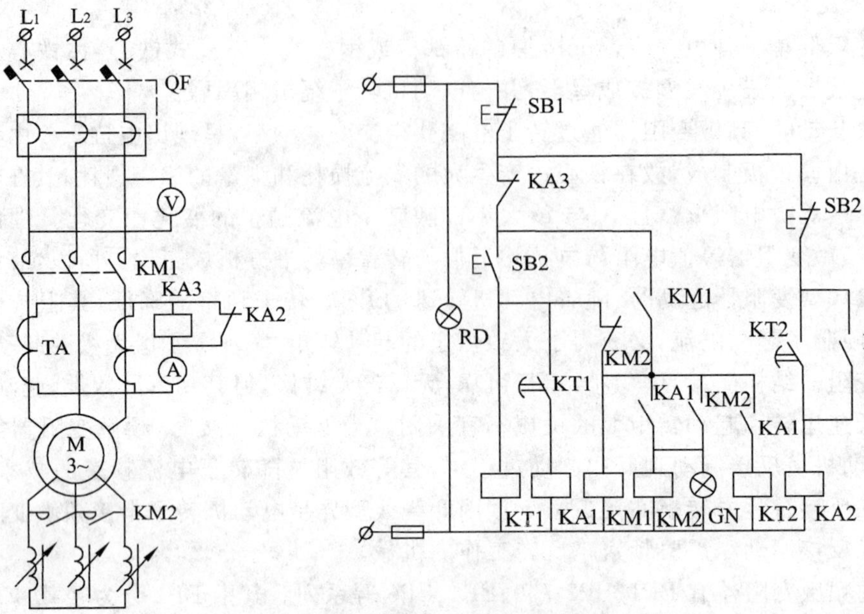

图 6.6.2 频敏变阻器起动控制线路

6.7 异步电动机制动控制

电动机在脱离电源后，由于机械惯性的存在，需要一段时间才能完全停止。而实际生产机械往往要求电动机快速、准确地停车，这就需要电动机采用有效措施进行制动。异步电动机常见的电气制动有反接制动、能耗制动等。

6.7.1 反接制动控制线路

反接制动是在电动机的原三相电源被切断后，立即通上与原相序相反的三相交流电源，以形成与原转向相反的电磁转矩，利用这个制动力矩使电动机迅速停止转动。这种制动方式必须在电动机转速接近零时切除电源，否则电动机会反转，造成事故。

图 6.7.1 为电动机反接制动控制线路。图中 KM1 为电动机运行接触器，KM2 为反接制动接触器，KV 为速度继电器，R 为反接制动电阻。

电路工作情况：电动机处于电动状态时，KM1 通电并自锁。电动机使与其有机械联系的速度继电器相应触头闭合，为反接制动做准备。需停车制动时，按下停止按钮 SB1，KM1 线圈断电释放，其三对主触头断开，切除三相交流电源，电动机以惯性旋转。当 SB1 按到底时，SB1 常开触头闭合，使 KM2 线圈通电并自锁，电动机定子串入不对称电阻接入反相序三相电源进行反接制动，电动机转速迅速下降，当电动机转速低于 100r/min 时，速度继电器 KV 的常开触头复位，使 KM2 线圈断电释放，电动机断开反相序电源，自然停车至速度零。

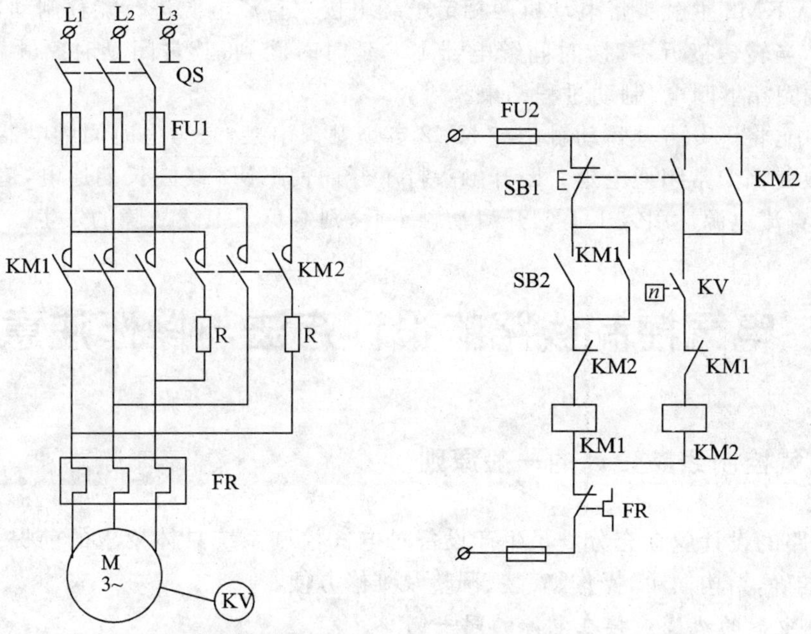

图 6.7.1 异步电动机反接制动控制线路

6.7.2 能耗制动控制线路

图 6.7.2 为单相桥式整流能耗制动电路。图中 KM1 为电动运行接触器，KM2 为能耗制动接触器，KT 为时间继电器，T 为整流变压器，VC 为桥式整流电路。

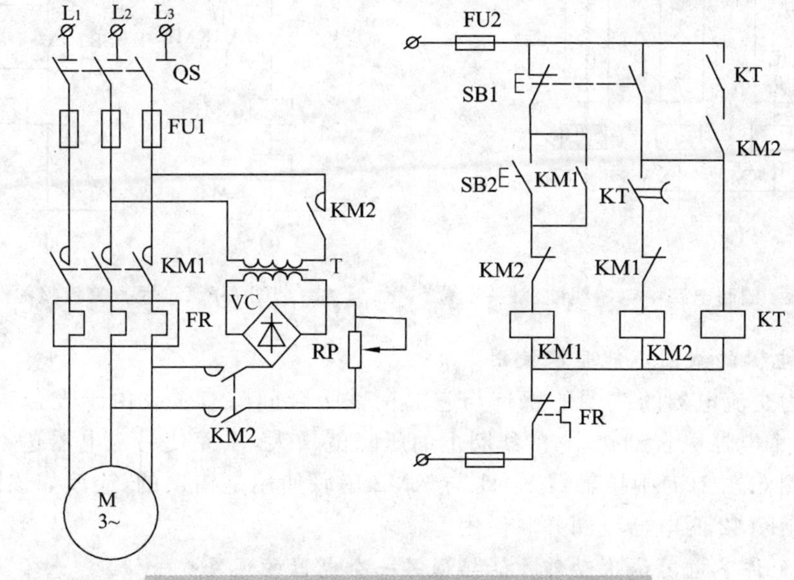

图 6.7.2 单相桥式整流能耗制动控制线路

电路工作情况：电动机原已电动运行，所以 KM1 通电并自锁。若要使电动机停转，按下停止按钮 SB1，KM1 线圈断电，电动机定子绕组脱离三相交流电源；KM2、KT 线圈同时通电并自锁。KM2 主触头将电动机两相定子绕组接入直流电源进行能耗制动，使电动机转速迅速降低，当转速接近零时，时间继电器 KT 延时时间到，其常闭延时断开触头动作，使 KM2、KT 线圈相继断电，制动过程结束。

该电路中，将 KT 常开瞬动触头与 KM2 自锁触头串接，是考虑时间继电器线圈断线或其他故障，致使 KT 常闭通电延时断开触头打不开而使 KM2 线圈长期通电，造成电动机定子长期通入直流电源。引入 KT 常开瞬动触头后，则避免了上述故障的发生。

6.8 电气控制线路的设计方法与操作注意事项

6.8.1 电气控制线路设计的一般原则

控制线路的设计应在充分满足生产设备对电气控制系统具体要求的前提下，力求工作可靠，动作准确，结构简单，操作、安装、调整及维修方便。

1. 控制电器的线圈应接在电源的同一侧

接触器、继电器以及其他执行电器的线圈的一端统一接在电源的同一侧，使所有电器的控制触头在电源的另一侧，如图 6.8.1 所示。这样当某一电器的触头发生短路故障时，不致引起电源短路。同时也便于检修和安装接线。

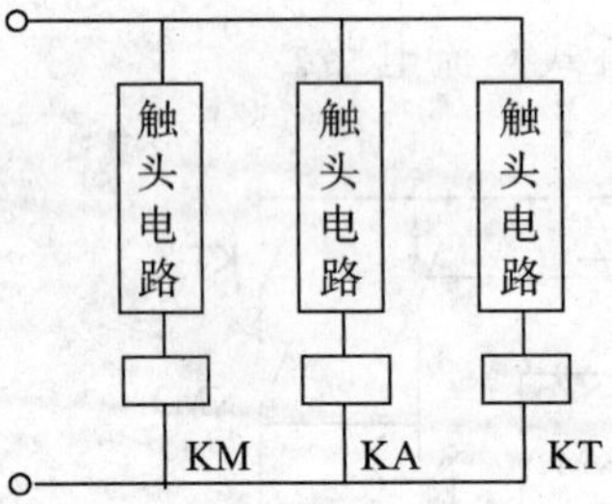

图 6.8.1 控制电路中电器线圈、触头位置

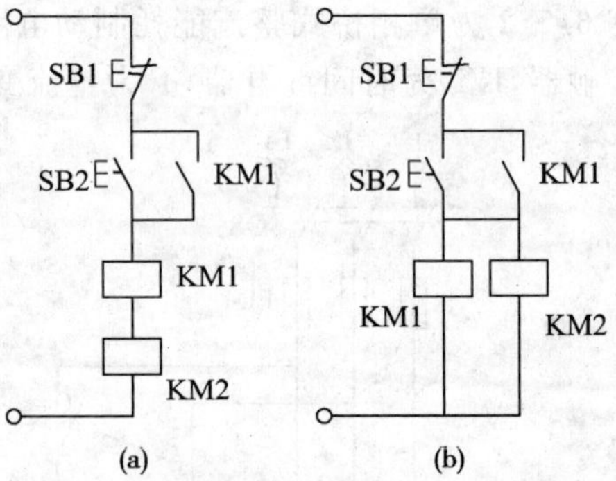

图 6.8.2 两只交流接触器的使用

2. 交流电器的线圈不能串联使用

这是因为交流电器的线圈的感抗与它的衔铁吸合间隙有关。由于吸合时间不完全同步，只要有一个电器吸合动作，它的线圈上的压降就增大，从而使另一电器达不到所需要的动作电压。图 6.8.2(a)中接触器 KM1 与 KM2 串联使用是错误的，应该如该图(b)所示接触器 KM1 与 KM2 两电器线圈并联使用。

3. 应避免许多电器依次动作才能接通另一个电器的现象

如图 6.8.3(a)所示，继电器 KA4 是在 KA1、KA2 和 KA3 相继动作后才能接通电源，也就是说，KA4 的接通要经过 KA1、KA2、KA3 三对触头。但图 6.8.3(b)中 KA4 的动作只需 KA2 电器动作，而且只需要经过一对触头，工作就较为可靠。

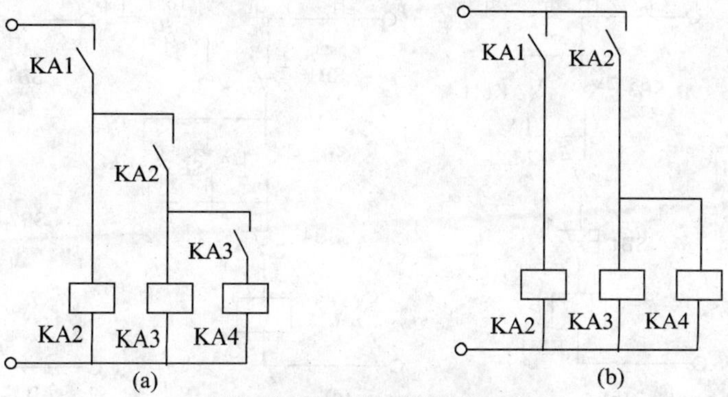

图 6.8.3 触头的合理使用

4. 应尽量减少控制线路中所用控制电器触头的数量

在控制线路中,应尽量减少触头,提高线路工作的可靠性。在简化、合并触头的过程中,应注意同类性质触头的合并,一个触头能完成的动作,不用两个触头。合并时应注意触头的额定电流是否允许。图 6.8.4 列举了一些触头化简与合并的例子。

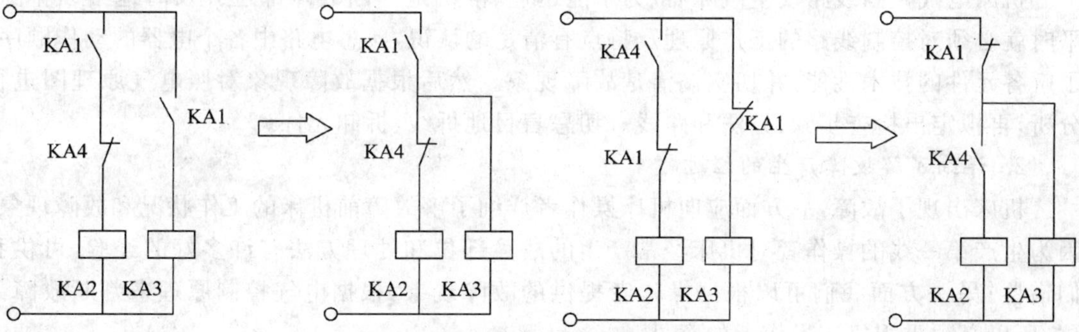

图 6.8.4 触头的化简与合并

5. 设计控制线路时应考虑到各个控制电器的实际接线,尽可能减少连接的导线

如图 6.8.5(b)与(d)是不适当的接线方法,而图 6.8.5(a)和(c)是适当的。因为按钮在按钮站(或操纵台),电器在电器柜里,从图 6.8.5(a)看出向按钮站的实际引线是三条,而图 6.8.5(b)则是四条。图 6.8.5(c)和 6.8.5(d)考虑到 SB1 和 SB2,SB3 和 SB4 分别两地操作,则图 6.8.5(c)就比图 6.8.5(d)少用了一条连接导线。

6. 设计控制线路时,应考虑种种联锁关系和电气保护,也应考虑机床调整方便和安全操作

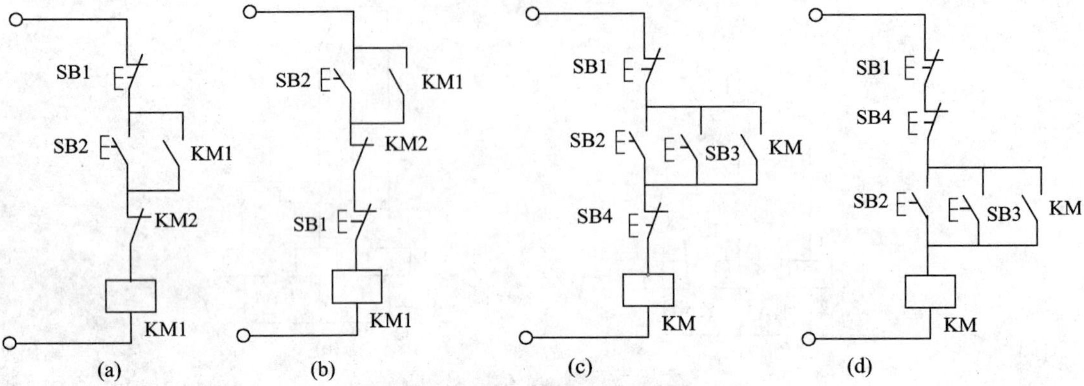

图 6.8.5 电器元件的合理接线

6.8.2 机床电气控制线路的检修

1. 熟悉机床电气控制线路

机床电气控制线路发生故障后，为了能迅速、准确地判断故障部位并及时地给以排除，平时就必须对控制线路的工作原理及特点有清楚的认识，熟悉电路中各个电器的动作顺序，了解各元件的技术性能，并切实搞清楚故障现象。然后根据故障现象对照电气原理图进行分析，再拟定出检查步骤、方法和路线。切忌盲目地拆线、拆卸元件。

2. 详细了解故障产生的经过

机床出现了故障，一方面应向机床操作者详细了解故障前机床的工作状况和故障现象，因为生产第一线的操作者对机床经常产生的故障部位和处理方法有许多好的经验，可供我们借鉴；另一方面我们可以根据操作者提供的故障现象，根据电气控制原理来判断故障部位，所以必须重视机床操作者的意见。

3. 从原理上进行分析，确定故障的可能范围

某些机床的电气控制线路看起来似乎很复杂，但仔细一分析，它们总是由一些基本环节、基本线路所组成，总是由种种不同作用的几个独立部分组合而成。如摇臂钻床电气控制线路是由主轴旋转、立柱夹紧松开和摇臂升降等几部分组成。按照故障现象从原理上进行分析，确定故障发生的可能范围，以便迅速找到故障的确切部位。

4. 进行一般的外表检查

由原理分析确定故障可能的范围后，对有关元器件进行外表检查，常能发现故障的确切部位，如触头脱落、触头磨损或烧损、衔铁产生噪音、线圈绕毁、活动部分被卡住、触头失灵、弹簧断裂或脱落、发生接地等都能明显地表明故障的所在。

5. 试验控制回路电器的动作顺序

在外表检查中没有发现毛病时，可采用试验电器动作顺序的方法来检查，也即操纵某一按钮或开关，线路中每只继电器、接触器应按规定动作顺序进行工作。若顺次动作与某一电器的动作不符，即说明与此电器有关的电路有毛病，再在此回路中进行深入细致的检查，便常可发现故障。当采用此法检查时，必须特别注意设备及人身安全，要尽可能切断电动机的主电路电源，只在控制电路带电的情况下进行试验，以避免机床运动部分互相碰撞，并暂隔离有毛病的主电路，以免故障扩大。

6. 用电工仪表测量寻找故障部位

用电工仪表检查电器元件是否通路，线路是否断裂，电压电流的大小是否正常、平衡，电阻值是否符合要求，这是人们经常使用的找出故障的方法。

(1) 测量电压的方法

如测量电动机、接触器和继电器的线圈，有关控制电路两端电压等。若发现所测点电压与控制线路要求的电压不相符合时，则是故障可疑处。

(2) 测量电阻或通路的方法

将控制线路电源切断后，用万用表的电阻档测量线路的通路、触头的接触情况、元件的电阻值等。

(3) 测量电流的方法

用电流表或万用表的电流档测量电动机的电流、有关控制电路中的工作电流。

(4) 测量绝缘电阻的方法

用兆欧表(摇表)测量各元件与线路对地的绝缘电阻和相互间绝缘电阻等。

在上述检查分析过程中，有时还可以采用完好的电器代替可疑的电器等置换方法。在每次排除故障后，要认真总结经验，逐步摸清机床电气控制线路的故障规律。因此，应设立机床维修记录本，记录内容可包括：机床名称、型号和编号、故障发生日期、故障现象、故障部位(或损坏的电器)、修复后的运行情况等。

6.8.3 电器的常见故障及维修

继电器和接触器通常由触头系统、电磁系统(电磁铁)、灭弧系统三个基本部分组成，这些部分经长期使用或因使用不当可能产生故障而影响电器的正常工作。下面分别介绍触头系统和电磁系统的故障原因及维修方法。

1. 触头的故障及维修

触头是继电器的执行元件，它担负着接通和断开线路电流的任务。它比较容易损坏，触头常见故障有：

(1) 触头过热

触头过热主要是接触电阻增大和触头容量不够，电流超过了它的额定值引起的。由于触头弹簧使用日久产生疲劳变形，以及使用过程中受机械损伤或者高温电弧的影响使弹簧变形、损伤而造成触头压力不足。另外，触头表面氧化或有油垢、尘埃等杂质也是造成触头过热的原因。若触头接触压力不足，应当重新更换一个新弹簧，但必须注意，新配弹簧压力要与原来一样。对于氧化比较严重的用油光锉或小刀轻轻把触头表面的氧化层刮掉，但接触面上如镀有导电金属就不能这样处理。对灰尘可用刷子刷掉。油垢可用四氯化碳或汽油作溶剂，反复地进行洗刷，应选择容量大的触头以免触头过热。

(2) 触头发毛

触头在高温电弧作用下，表面上易形成许多凸出的小点，这就会造成触头接触不良。造成触头烧毛的主要原因是触头分断时因温度很高的电弧在触头之间燃烧，使触头熔化。其次，在触头闭合过程中，动触头具有一定的动能，当动、静触头相碰时，动触头要发生跳动，若这种跳动刚好发生在电动机起动的时候，此时流过触头上的电流很大，触头跳开时形成电弧将触头烧毛。更换触头弹簧，适当加大初压力可减小触头的跳动。另外，继电器容量选择太小也会造成触头烧毛。

触头轻微的烧毛是一种正常现象，但严重烧毛是一种故障，应检查原因并及时处理。

触头烧毛后可用细锉把触头表面锉平，只要把凸出的部分锉平就够了，并要保持触头表面的形状与原来一样，对于镶有银块的触头，应注意银块的厚度。

(3) 触头的熔焊

触头在闭合时，若跳动得很严重，可能产生高温电弧，使触头熔化，把动、静头牢牢地熔焊在一起。这是触头故障中最严重的一种。造成这种故障的原因一方面是触头弹簧损坏，初压力太小；另一方面是接触器的容量太小，触头闭合时通过的电流太大。

触头熔焊后，只有更换触头，如果因触头容量不够而产生熔焊，则应选择容量更大的接触器。

(4) 触头磨损

触头磨损主要是由于电弧的高温作用，使触头金属汽化或蒸发，触头变得越来越薄。通俗地说就是触头被电弧烧掉了。触头逐渐磨损是一种正常现象，如果磨损很快，需要经常更换，这是属于一种故障现象。

触头磨损和触头烧毛一样都是由于触头弹簧损坏、初压力下降，常开触头闭合时，衔铁吸力过大造成触头闭合时跳动，或者继电器动作过于频繁，分断过大电流时使触头很快地烧蚀。

2. 电磁系统的故障及维修

电磁系统包括静铁芯、衔铁和吸引线圈等几个部件。它可能有以下一些故障：

(1) 衔铁噪声大

电磁系统在工作时必有一种均匀、调和、轻微的嗡嗡声，这是正常现象。若这种声音大于正常声，就说明电磁系统发生故障。造成衔铁噪声大的原因主要是衔铁与铁芯的接触面接触不良。这是由于衔铁与铁芯经过多次碰撞后，接触面就会变形和磨损，造成相互间的接触不良。若接触面上有锈蚀、灰尘、油污等杂质，也会造成接触不良。衔铁的振动导致衔铁和铁芯加速损坏，同时会使吸引线圈过热，严重时甚至烧毁吸引线圈。铁芯接触面若有油污等杂质，可拆下清洗，若是端面变形、磨损，应设法修平。

短路环损坏是造成衔铁噪声大的另一个原因，只要按短路环原来的材料(一般用黄铜板冲制出来)、尺寸重新做一个换上即可。

电源电压过低也会使衔铁产生较大的噪声。因为电源电压过低，产生的电磁吸力不足，衔铁就会发出强烈的振动和噪声。应检查电源电压是否与吸引线圈的电压相符合。

此外，弹簧压力过大，衔铁运动发生卡阻，也会造成吸力不足而产生振动和噪声，只要更换触头弹簧或排除卡阻即可。

(2) 吸引线圈过热或烧毁

吸引线圈过热以至烧毁，主要是通过线圈的电流过大。线圈电流过大的原因有：线圈匝间短路；由于电器频繁操作，线圈里经常受到大电流的冲击，导致吸引线圈过热；衔铁与铁芯闭合受卡阻时，会造成衔铁与铁芯间气隙的增大，线圈阻抗减小，通过的电流增大，导致线圈过热甚至烧毁。

线圈匝间已短路或烧毁，一般均要重新绕制，如果线圈的匝数不多而且在外层，其余的部分还完好，可拆去已损坏的这几圈，这对电器的工作性能影响是不大的。

（3）衔铁吸不上

当吸引线圈接通电源后，衔铁不能吸合，此时应立即切断电源，以免线圈被烧毁。

衔铁吸不上，首先应检查一下吸引线圈回路中有没有断线，连接处有无脱落；线圈内部有无断线或烧毁；活动部分是否有卡阻；测量电源电压是不是过低。若衔铁发生振动和噪音是属于后两种原因产生的故障，若衔铁没有振动和噪音，大都属于前两种原因产生的故障，应区别情况及时处理。

思考题与习题

1. 什么叫“自锁”、“互锁”？试举例说明各自的作用。

2. 什么是失压、欠压保护？哪些电器可以实现失压和欠压保护？

3. 点动和长动有什么不同？各应用于什么场合？同一电路如何实现既有点动又有长动的控制？

4. 某机床主轴和润滑油泵各由一台电动机带动。今要求主轴必须在油泵开动后才能开动，主轴能正反转并能单独停车，有短路、零压及过载保护等。试绘出电气控制原理图。

5. 试设计某控制装置在两个行程开关 SQ1 和 SQ2 区域内自动往返循环控制电路。

6. 设计异步电动机 Y/△起动两种不同的控制线路，并说明其优缺点。

7. 设计一小车运行的控制线路，小车由异步电动机控制，其动作程序如下：

（1）小车由原位开始前进，到终端后自动停止。

（2）在终端停留 2min 后自动返回原位停止。

（3）要求能在前进或后退途中任意位置都能停止或起动。

8. 画出笼型异步电动机的能耗制动控制线路。工作要求如下：

（1）用按钮 SB2 和 SB1 控制电动机 M 的起停；

（2）按下停止按钮 SB1 时，应使接触器 KM1 断电释放，接触器 KM2 通电动作，以便向定子绕组加入直流电源，进行能耗制动；

（3）制动一段时间后，应使 KM2 自动断电释放，以便切除直流电源，试用通电延时型和断电延时型继电器各画出一种控制线路。

9. 上题中若用速度继电器控制，试画出控制线路。

10. 分析下图(a)、(b)、(c)控制电路中各有何缺点或问题？应如何改正？

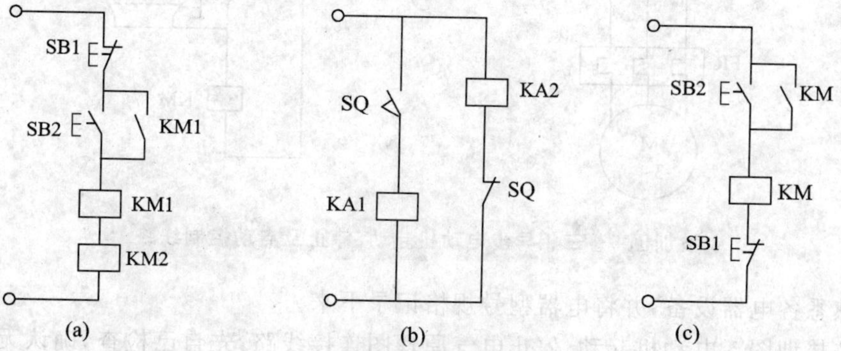

习题 10 附图

技能训练四　电气控制线路的应用

项目一　电动机起动、停止控制的接线与操作

一、训练目的

(1) 熟悉各种低压电器元件的结构、型号、规格和使用方法。

(2) 掌握三相异步电动机起动、停止和点动控制的接线方法、调试及故障排除的技能。

二、仪器设备

三相笼形异步电动机(0.55kW)1 台，三相胶盖闸刀开关(HK2-3/15A)1 个，交流接触器(CJ10-10/380V)1 只，按钮(LA4-2H)3 只，熔断器(RL1-15/5A)5 只，热继电器(JR0-20/3/2.4A)1 只，电工工具及导线若干。

三、训练内容

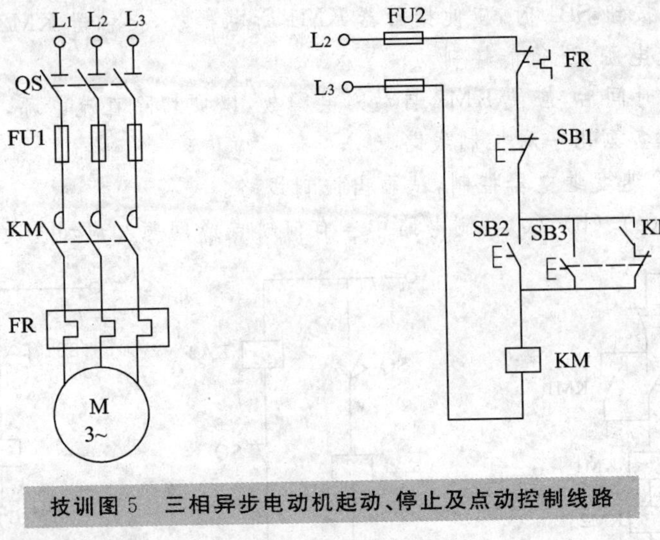

技训图 5　三相异步电动机起动、停止及点动控制线路

(1) 熟悉各电器设备，并将电器型号规格记录下来。

(2) 按技训图 5 电动机起动、停止电气原理图连接线路，先自己检查，确认无误后，请指导老师检查，然后再通电操作。

(3) 反复操作按钮 SB2、SB1,观察线路是否正常运行。如发现故障应立即断开电源,分析原因,排除故障后再通电操作。

(4) 观察 FR 动作对线路的影响。(可手动断开触点试验)

(5) 操作按钮 SB3,观察电动机点动工作情况。

四、分析与思考

(1) 实验中发现,一接通电源,不按按钮电机即起动旋转,是何原因?

(2) 说明按下 SB3 时为何是点动工作?

(3) 若自锁常开触点错接成常闭触点,会发生什么现象?

(4) 改变电源进线的相序,将发生什么现象?为什么?

(5) 画出实验室出现故障现象时的电路,并分析出现故障的原因。

项目二 三相异步电动机正反转控制

一、训练目的

(1) 掌握三相笼型异步电动机正反转控制电路的接线方法。

(2) 掌握三联按钮的使用和正确接线方法。

(3) 学会正反转电路分析及排除故障的方法。

二、仪器设备

三相异步电动机(0.55kW)1台,三相胶盖闸刀开关(HK2-3/15A)1个,交流接触器(J10-10/380V)2只,三联按钮(LA4-2H)3只,熔断器(RL1-15/5A)5只,热继电器(JR0-20/3/2.4A)1只,电工工具及导线若干。

三、训练内容

(1) 检查各电器元件的质量情况,了解其使用方法。

(2) 按技训图6正确连接线路,首先接主电路,然后再接控制电路。

(3) 自己检查无误后,请老师检查认可,然后通电试验。

(4) 分别按下按钮 SB2、SB3,观察电机作正反转运行。

(5) 同时按下 SB1、SB2 或 SB3,接触器 KM1、KM2 均不得电,电机不转。

(6) 按下正转按钮 SB2,电机正转运行,然后直接按下反转按钮 SB3,电机从正转到反转运转。

(7) 实验中出现不正常时,应断开电源,分析故障,如一切正常,可请老师人为地制造一些故障,由同学们分析排除。

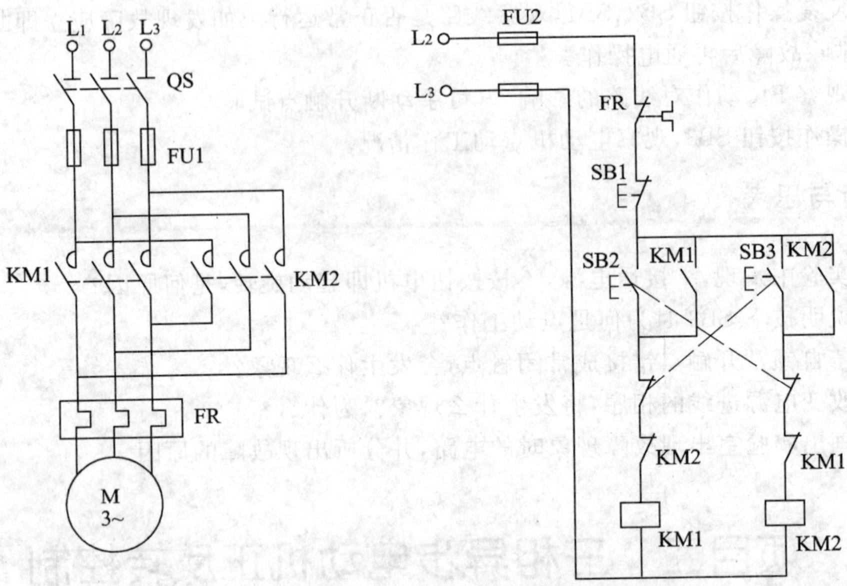

技训图 6　三相异步电动机正反转控制线路

四、分析与思考

（1）按下 SB2（或 SB3）电机正常运行后，很轻地按一下 SB3（或 SB2），看电机运转状态有什么变化？电路中会发生什么现象？为什么？

（2）实验中如发现按下正（或反）转按钮，电机旋转方向不变，分析故障原因。

（3）画出实验中故障现象的原理图，并分析故障原因及排除方法。

（4）若运行过程中主电路有一相熔断器熔断，可能会发生什么情况？

项目三　三相异步电动机 Y/△降压起动控制

一、训练目的

（1）了解时间继电器的结构和使用方法。

（2）掌握异步电动机星-三角形降压起动控制线路的工作原理及接线方法。

（3）熟悉这种电路的故障分析与排除方法。

二、仪器设备

三相笼型异步电动机（0.55kW）1 台，三相胶盖闸刀开关（HK2-3/15A）1 个，交流接触器（CJ10-10/380V）3 只，时间继电器（JS7-1A/380V）1 只，熔断器（RL1-15/5A）5 只，热继电器（JR0-20/3/2.4A）1 只，控制按钮（LA4-2H）2 只，电工工具及导线若干。

三、训练内容

（1）检查各电器元件的质量情况，了解其使用方法。

（2）按技训图 7 连线，先接主电路，然后接控制电路。

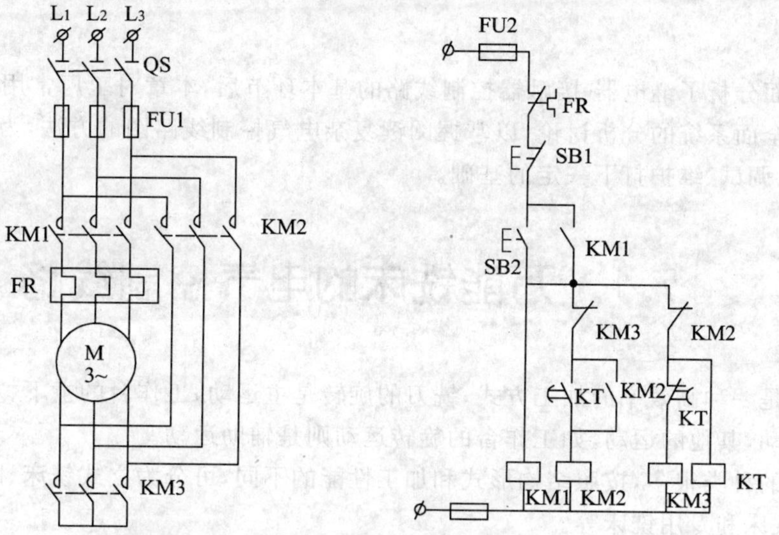

技训图 7　异步电动机 Y/△降压起动电路

（3）自己检查接线是否正确，尤其要注意延时通断的触点是否正确，延时长短是否合适，确认无误后，请指导老师检查认可后合闸通电试验。

（4）操作起动和停止按钮观察电动机起动情况。

（5）调节时间继电器的延时，观察时间继电器动作时间对电动机起动过程的影响。

四、分析与思考

（1）时间继电器通电延时常开与常闭触点接错，电路工作状态会怎样？

（2）设计一个用断电延时继电器控制的 Y/△降压起动控制电路。

（3）若在实验中发生故障时，如何分析故障原因，并排除故障？

第7章 电气控制技术应用

在前面分析了继电器-接触器控制线路的基本环节后，本章对工厂常用电气控制设备作进一步的全面系统的分析讨论，以掌握阅读复杂电气控制线路图的方法，为生产机械电气线路的安装、调试、维护打下一定的基础。

7.1 万能铣床的电气控制线路

铣削是一种高效率的加工方式，铣刀的旋转是主运动，工作台的上下、左右、前后运动都是进给运动，其他的运动，如工作台的旋转运动则是辅助运动。

铣床的种类很多，按照结构形式和加工性能的不同，可分为立式铣床、卧式铣床、仿形铣床、龙门铣床和专用铣床等。

万能铣床是一种通用的多用途机床，它可以用圆柱铣刀、圆片铣刀、成型铣刀及端面铣刀等工具对各种零件进行平面、斜面、螺旋面及成型表面的加工，还可以加装万能铣头和圆工作台来扩大加工范围。目前，万能铣床常用的有两种：一种是卧式万能铣床，铣头水平方向放置，型号为X62W；另一种是立式万能铣床，铣头垂直放置，型号为X52K。这两种机床结构大体相似，差别在于铣头的放置方向上，而工作台进给方式，主轴变速等都一样，电气控制线路经过系列化以后，也是一样的，只不过容量不同。本节以卧式万能铣床为对象进行分析。

7.1.1 主要结构及运动形式

X62W万能铣床主要由床身、主轴、刀杆、横梁、工作台、回转盘、横溜板和升降台等几部分组成，它的外形如图7.1.1所示。箱形的床身固定在底座上，在床身内装有主轴的传动机构和变速操纵机构。在床身的顶部有水平导轨，上面装着带有一个或两个刀杆支架的悬梁。刀杆支架用来支承铣刀心轴的一端，心轴另一端则固定在主轴上，由主轴带动铣刀切削。悬梁可以水平移动，刀杆支架可以在悬梁上水平移动，以便安装不同的心轴。在床身的前面有垂直导轨，升降台可沿着它上、下移动。在升降台上面的水平导轨上，装有可在平行主轴轴线方向移动(横向移动或前后移动)的溜板。溜板上部有可转动部分，工作台就在溜板上部可转动部分的导轨上做垂直于主轴轴线方向的移动(纵向移动)。工作台上有T形槽来固定工件。这样安装在工作台上的工件就可以在三个坐标轴的六个方向上调整位置或进给。

此外，由于回转盘可绕中心转过一个角度(通常是±45°)，因此，工作台在水平面上除了能平行或垂直于主轴轴线方向进给外，还能在倾斜方向进给，可以加工螺旋槽，故称万能铣床。

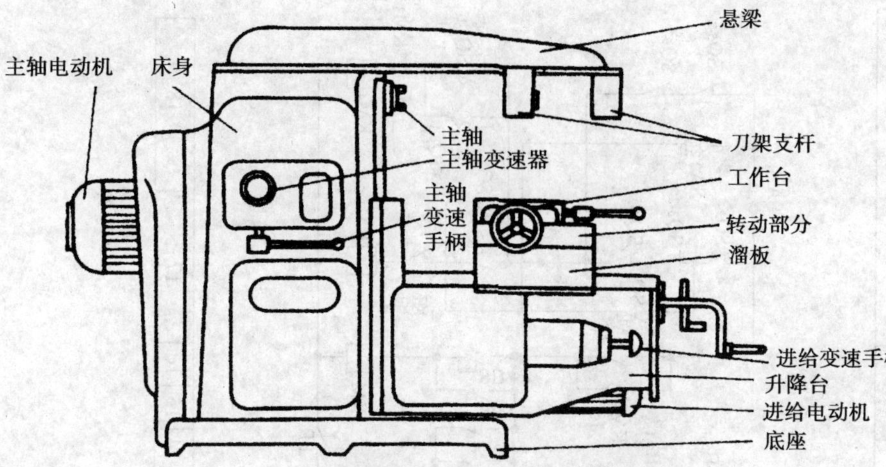

图 7.1.1　X62W 万能铣床外形

7.1.2　电力拖动特点及控制要求

(1) 主轴电动机需要正反转，但方向的改变并不频繁。根据加工工艺的要求，有的工件需要顺铣(电动机正转)，有的工件需要逆铣(电动机反转)。大多数情况下是一批或多批工件只用一种方向铣削，并不需要经常改变电动机转向。因此，可用电源相序转换开关实现主轴电动机的正反转，节省一个反向转动接触器。

(2) 铣刀的切削是一种不连续切削，容易使机械传动系统发生振动，为了避免这种现象，在主轴传动系统中装有惯性轮，但在高速切削后，会造成停车时间太长，故采用电磁离合器制动。

(3) 工作台既可以做六个方向的进给运动，又可以在六个方向上快速移动。

(4) 为防止刀具和机床的损坏，要求只有在主轴旋转后，才允许有进给运动。为了减小加工件表面的粗糙度，只有进给停止后主轴才能停止或同时停止。本机床在电气上采用了主轴和进给同时停止的方式，但由于主轴运动的惯性很大，实际上就保证了进给运动先停止、主轴运动后停止的要求。

(5) 主轴运动和进给运动采用变速盘来进行速度选择，为保证变速齿轮进入良好啮合状态，两种运动都要求变速后做瞬时点动。

7.1.3　电气控制线路分析

图 7.1.2 是 X62W 万能铣床的电气控制线路。它分为主电路、控制电路和照明电路三部分。

1. 主电路分析

主电路中共有三台电动机：M_1 是主轴电动机，拖动主轴带动铣刀进行铣削加工；M_2 是工作台进给电动机，拖动升降台及工作台进给；M_3 是冷却泵电动机，供应冷却液。每台电动机均有热继电器做过载保护。

2. 控制电路分析

(1) 主轴电动机的控制

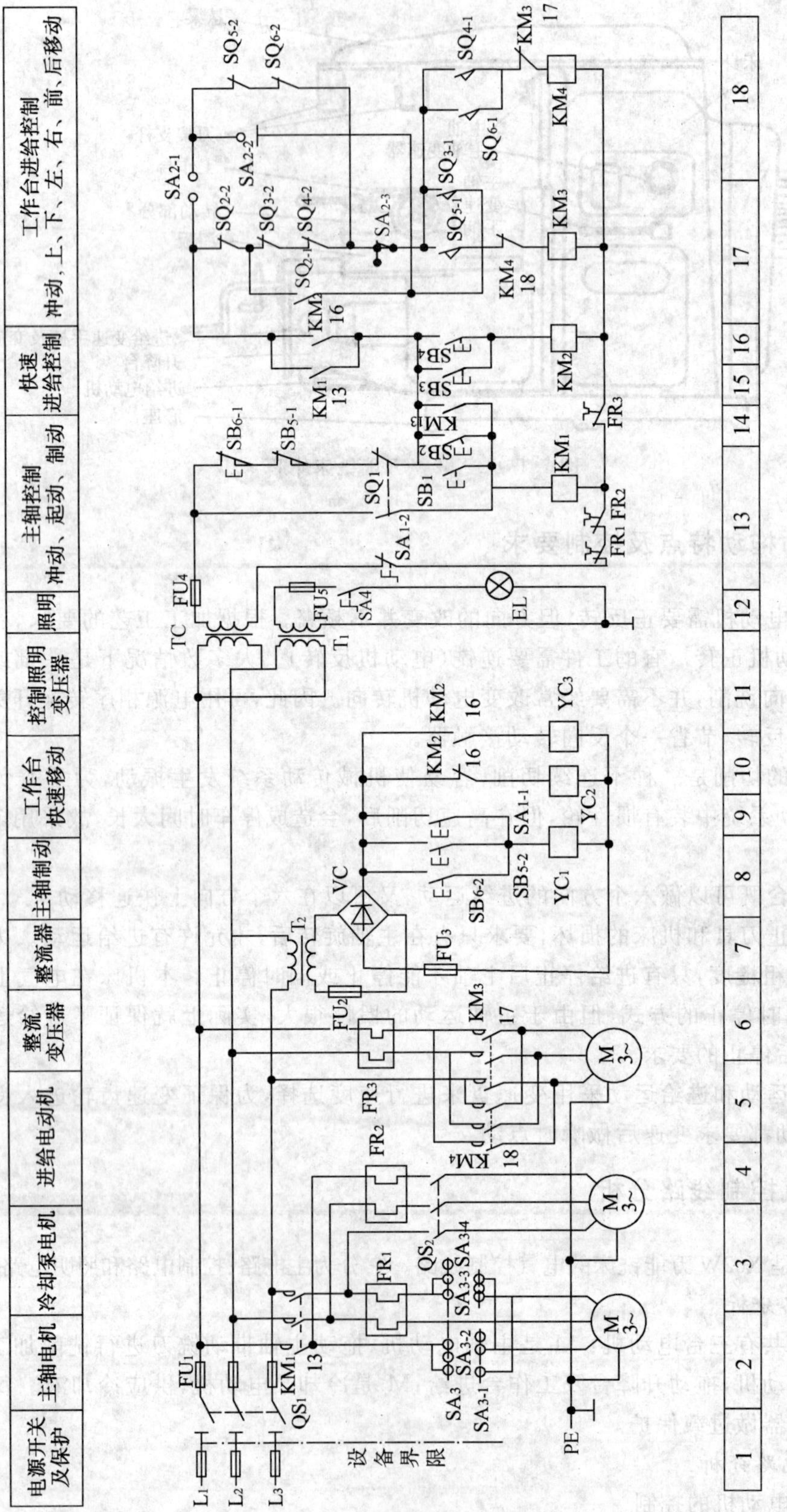

图 7.1.2 X62W万能铣床电气控制线路

控制线路中的起动按钮 SB_1 和 SB_2 是两地控制按钮，分别装在机床两处，方便操作。SB_5 和 SB_6 是两地停止按钮。KM_1 是主轴电动机 M_1 的起动接触器，YC_1 则是主轴制动用的电磁离合器，SQ_1 是主轴变速冲动的行程开关。主轴电动机是经过弹性联轴器和变速机构的齿轮传动链来实现传动的，可使主轴获得十八级不同的转速。

① 主轴电动机的启动。启动前先合上电源开关 QS_1，再把主轴转换开关 SA_3 扳到所需要的旋转方向，然后按起动按钮 SB_1（或 SB_2），接触器 KM_1 通电动作，其主触头闭合，主轴电动机 M_1 起动。主轴转换开关 SA_3 的功能如表 7.1 所示。

② 主轴电动机的停车制动。当铣削完毕，需要主轴电动机 M_1 停止时，按停止按钮 SB_5（或 SB_6），接触器 KM_1 线圈断电释放，电动机 M_1 停电，同时由于 SB_{5-2} 或 SB_{6-2} 接通电磁离合器 YC_1，对主轴电动机进行制动。当主轴停车后方可松开停止按钮。

③ 主轴换铣刀控制。在主轴上更换铣刀时，为避免主轴转动，造成更换困难，应将主轴制动。方法是将转换开关 SA_1 扳到换刀位置，常开触头 SA_{1-1} 闭合，电磁离合器 YC_1 得电，将电动机轴抱住；同时常闭触头 SA_{1-2} 断开，切断控制电路，机床无法运行，保证了人身安全。

表 7.1　主轴转换开关位置表

位置 / 触点	正转（顺铣）	停　止	反转（逆铣）
SA_{3-1}	－	－	＋
SA_{3-2}	＋	－	－
SA_{3-3}	＋	－	－
SA_{3-4}	－	－	＋

④ 主轴变速时的冲动控制。主轴变速时的冲动控制，是利用变速手柄与冲动行程开关 SQ_1 通过机械上的联动机构进行控制的。

(2) 工作台进给电动机的控制

转换开关 SA_2 是控制圆工作台的，它的功能如表 7.2 所示。

表 7.2　圆工作台开关位置

位置 / 触点	接　通	断　开
SA_{2-1}	－	＋
SA_{2-2}	＋	－
SA_{2-3}	－	＋

① 工作台纵向进给。工作台的左右（纵向）运动是由"工作台纵向操纵手柄"来控制的。手柄有三个位置：向左、向右、零位（停止）。当手柄扳到向左或向右位置时，手柄有两个功能：一是压下位置开关 SQ_5 或 SQ_6；二是通过机械机构将电动机的传动链拨向工作台下面的丝杆上，使电动机的动力惟一地传到该丝杠上，让工作台在丝杠带动下做左右进给运动。在工作台两端各设置一块挡铁，工作台纵向运动到极限位置时，挡铁撞动纵向操作手柄，使它回到中间位置，工作台停止运动，从而实现纵向运动的终端保护。

② 工作台升降和横向(前后)进给。操纵工作台上下和前后运动是用同一手柄完成的。该手柄有五个位置,即上、下、前、后和中间位置。当手柄扳向上或下时,机械上接通了垂直进给离合器;当手柄扳向前或扳向后时,机械上接通了横向进给离合器;手柄在中间位置时,横向和垂直进给离合器均不接通。手柄扳到向下或向前位置时,手柄通过机械联动机构使位置开关 SQ_3 被压动,接触器 KM_3 通电吸合,电动机正转;在手柄扳到向上或向后时,位置开关 SQ_4 被压动,接触器 KM_4 通电吸合,电动机反转。

此五个位置是联锁的,各方向的进给不能同时接通,所以不可能出现传动紊乱的现象。

③ 进给变速冲动。和主轴变速一样,进给变速时,为了使齿轮进入良好的啮合状态,也要做变速后的瞬时点动。在进给变速时,只需将变速盘(在升降台前面)往外拉,使进给齿轮松开,待转动变速盘选择好速度以后,将变速盘向里推。在推进时,挡块压动位置开关 SQ_2,首先使常闭触头 SQ_{2-2} 断开,然后常开触头 SQ_{2-1} 闭合,接触器 KM_3 通电吸合,电动机 M_2 起动。但它还没有转起来,位置开关 SQ_2 已复位,首先断开 SQ_{2-1},而后闭合 SQ_{2-2},接触器 KM_3 失电,电动机断电停转。这样一来,使电动机接通一下电源,齿轮系统产生一次抖动,使齿轮啮合顺利。

④ 工作台的快速移动。为了提高劳动生产率,减少生产辅助时间,X62W 万能铣床在加工过程中不做铣削加工时,要求工作台快速移动,当进人铣切区时,要求工作台以原进给速度移动。安装好工件后,按下按钮 SB_3 或 SB_4(两地控制),接触器 KM_2 通电吸合,它的一个常开触头接通进给控制电路,另一个常开触头接通电磁离合器 YC_3,常闭触头切断电磁离合器 YC_2。离合器 YC_2 吸合将使齿轮系统和变速进给系统相联,而离合器 YC_3 则是快速进给变换用的,它的吸合,使进给传动系统跳过齿轮变速链,电动机可直接拖动丝杠套,让工作台快速进给。进给的方向,仍由进给操作手柄来决定。当快速移动到预定位置时,松开按钮 SB3 或 SB4,接触器 KM2 断电释放,YC3 断开,YC2 吸合,工作台的快速移动停止,仍按原来方向做进给运动。

(3) 圆形工作台的控制

为了扩大机床的加工能力,可在机床上安装圆形工作台附件,这样可以进行圆弧或凸轮的铣削加工。机床在执行此项任务时,所有进给系统均停止工作(手柄放置于零位上),只让圆形工作台绕轴心回转。当工件在圆工作台上安装好以后,用快速移动方法,将铣刀和工件之间位置调整好,把圆工作台控制开关拨到"接通"位置。这个开关就是 SA_2,此时 SA_{2-1} 和 SA_{2-3} 断开,SA_{2-2} 闭合。当主电动机起动后,圆工作台即开始工作,其控制电路是:电源→SQ_{2-2}→SQ_{3-2}→SQ_{4-2}→SQ_{6-2}→SQ_{5-2}→SA_{2-2}→ KM_4(常闭触点)→KM_3 线圈→电源。接触器 KM_3 通电吸合,电动机 M_2 正转。该电机带动一根专用轴,使圆工作台绕轴心回转,铣刀铣出圆弧。在圆工作台起动时,其余进给一律不准运动,若有误操作,拨动了两个进给手柄中的任意一个,则必然会使位置开关 SQ_3 ~ SQ_6 中的某一个被压动,则其常闭触头将断开,使电动机停转,从而避免了机床事故。圆工作台在运转过程中不要求调速,也不要求反转。按下主轴停止按钮 SB_5 或 SB_6,主轴停转,圆工作台也停转。

3. 冷却和照明控制

冷却泵只有在主电动机启动后才能启动,所以主电路中将 M_3 接在主接触器 KM_1 后面,另外又可用开关 SQ_2 控制。机床照明由变压器 T_1 供给 24V 安全电压。

7.1.4 电气线路常见故障分析

1. 主电动机不能起动

主要检查三相电源、熔断器、热继电器的触头及有关按钮的接触情况。

2. 工作台不能进给

(1) 工作台各个方向都不能进给。先证实圆工作台控制开关是否在“断开”位置。接着用万用表检查控制回路电压是否正常,若正常,可扳动操纵手柄至任一运动方向,观察其相关接触器是否吸合,若吸合则断定控制回路正常,这时着重检查电动机主回路。常见故障有接触器主触头接触不良、电动机接线脱落和绕组断路等。

(2) 工作台不能向上及向下运动。这种现象往往是由纵向操作手柄不在零位造成的。如果操作手柄位置无误,则是因为机械磨损等因素,使相应的电气元件动作不正常或触头接触不良所致。

(3) 工作台前后进给正常,但左右不能进给。由于工作台能横向进给,说明接触器 KM_3 或 KM_4 及电动机 M_2 的主回路都正常。从机床的电气控制线路中容易看到,故障只能发生在 SQ_{2-2},SQ_{3-2},SQ_{4-2} 或 SQ_{5-1},SQ_{6-1} 上,其中位置开关 SQ_2 是冲动开关,变速时常受冲击,容易损坏。

(4) 工作台不能快速进给,主轴制动失灵。

上述故障的原因往往是电磁离合器工作不正常。首先应检查整流器中的四个整流二极管有否损坏。若有损坏,会导致输出直流电压偏低,吸力不够。其次,电磁离合器线圈用环氧树脂粘合在电磁离合器的套筒内,散热条件差,易发热而烧毁。最后是离合器的动片和静片经常摩擦,是易损件,检修过程中不可忽视。

(5) 变速时冲动失灵。多数原因是由于冲动开关的常开触头在瞬间闭合时接触不良,另外是由于变速手柄(主轴变速)或变速盘(进给变速)推回原位过程中,机械装置未碰上冲动行程开关所致。

7.2 数控机床的电气控制系统

早期应用小型计算机的数控(CNC)系统及现代应用微型计算机的数控(MNC)系统都是采用通用计算机元件及相应的控制软件来取代硬件数控系统专用电子线路,并配备适当的输入/输出接口构成的。在必要的硬件电路基础上,用控制软件来实现加工程序的存储、译码、插补运算、辅助动作逻辑连锁以及其他各种复杂功能。

图 7.2.1 所示为 CNC 系统构成简图。完整的 CNC 系统分为 NC 部分与 PLC 部分:NC 部分主要控制机床的运动;PLC 部分称为可编程序控制器,它的主要工作是从操作面板接收操作指令、控制信号状态显示及各种辅助动作连锁等。

NC 部分称为数控部分,是 CNC 系统的核心。NC 部分又可划分为计算机部分、位置控制部分、数据输入/输出接口及外部设备。

与通用计算机一样,NC 系统的计算机部分由中央处理器 CPU 及存贮数据与程序的存贮器等组成。存贮器分为系统控制软件程序存贮器(ROM)、加工程序存贮器(RAM)及工作区存贮器(RAM)。ROM中的系统控制软件程序是由数控系统生产厂家写入的,用来完成CNC系统的各项功能。数控机床操作者将各自的加工程序存储在RAM中,供数控系统用来控制机床加工零件。工作区存储器是系统程序执行过程中的活动场所,用于堆栈、参数保存、中间运算结果保存等。

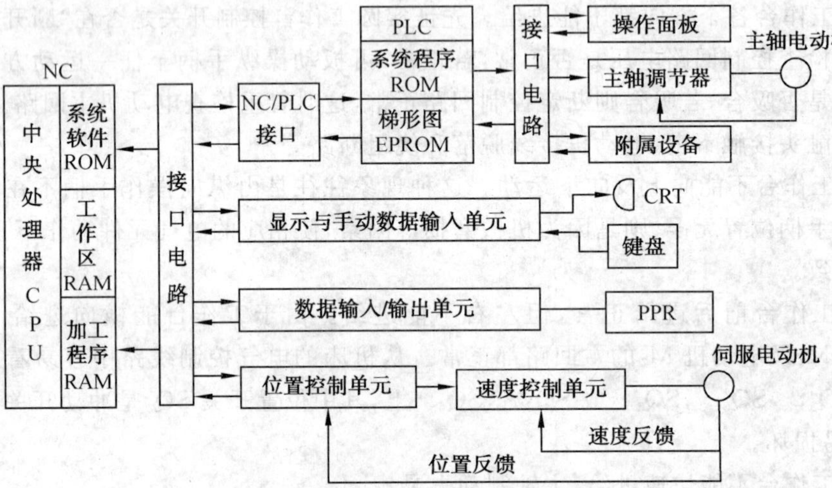

图7.2.1 CNC系统构成图

中央处理器CPU执行系统程序,读取加工程序,经过加工程序段译码,预处理计算,然后根据加工程序段指令,进行实时插补与机床位置伺服控制,同时将辅助动作指令通过可编程序控制器PLC发往机床,并接收通过可编程序控制器返回的机床各部分信息,以决定下一步操作。

位置控制部分又分为位置控制单元和速度控制单元。将经插补运算得到的每个坐标轴在单位时间间隔内的位移量送往位置控制单元,由它生成伺服电动机速度指令发往速度控制单元。速度控制单元接收速度反馈信号,来控制伺服电动机以恒定速度运转;同时位置控制单元接收实际位置反馈,并修正速度指令,实现机床运动的准确控制。

数据输入/输出接口与外部设备用来实现数控系统与操作者之间的信息交换。操作者通过光电读带机或手动数据输入装置——键盘,将加工程序等送入数控系统;并通过显示器CRT或穿孔机,读出加工程序或其他信息。

由此可见,数控机床电气控制系统所包含的内容很多。其中的计算机技术、接口技术和直流调速系统等内容请参考其他有关专业书籍。这里只讨论电气控制原理和PLC控制器等内容。

图7.2.2是CK3263型数控机床简化后的电气控制原理图。主电动机选用直流电动机,由SIMOREG-V57晶闸管调速装置控制,它借助于电枢可逆调速系统在四个象限内进行控制。电动机的调速范围分为两个区域:低于额定转速时采用电枢降压恒转矩调速方式;高于额定转速时采用弱磁恒功率方式升速。主轴转速范围为20～1 500r/min。其运行状况分为停车、起动、降速和制动等四种,各种运行状态均由SIMOREG-V57晶闸管调速装置进行控制。

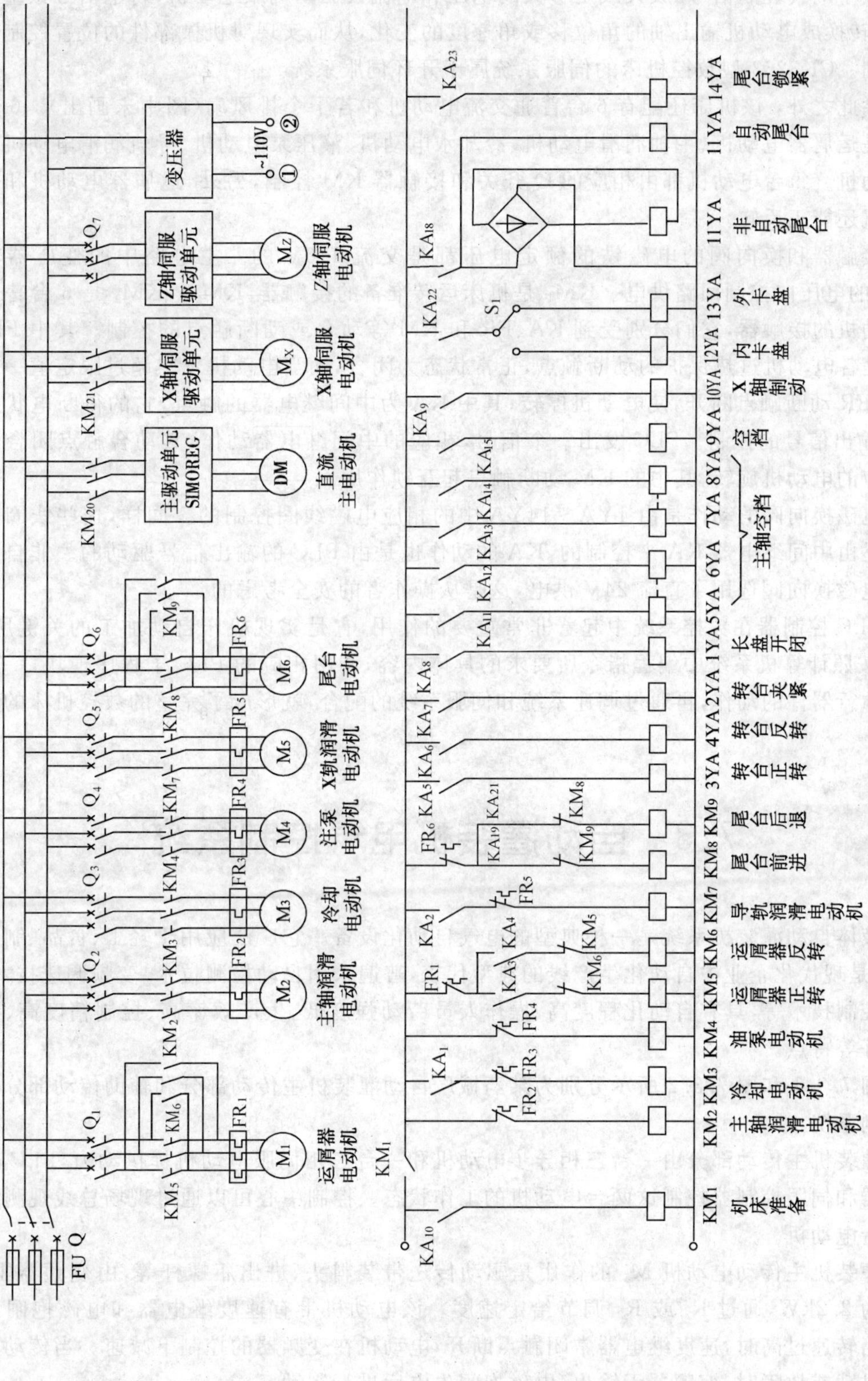

图 7.2.2　CK3263型数控机床电气控制原理图

X 轴和 Z 轴的伺服电动机分别由 X 轴和 Z 轴的伺服驱动单元控制，它把取自于运算系统的微小电气控制信号，放大成足够大的电压和电流去驱动伺服电动机；将电信号数量上的变化，转换成电动机输出轴的角位移或角速度的变化，从而实现对机械部件的位置控制和速度控制。CK3263 型数控机床的伺服系统属于开环伺服系统。

除此之外，该机床还配有 6 台普通交流电动机和若干个排风扇(图中未画出)。6 台电动机是运屑器电动机、主轴润滑电动机、冷却水电动机、液压泵电动机、导轨润滑电动机和尾台电动机。每台电动机都由相应的 Q 开关和接触器 KM 控制，另外，运屑器电动机和尾台电动机还能正反转。

接触器和换向阀的电磁铁的额定电压都是交流 110V 的。主电路中的变压器输出 110V 的电压向控制回路供电。KM_1 是机床运转准备的接触器，KM_2～KM_9 是 6 台普通交流电动机的接触器，它们分别受到 KA、FR 和 KM 等动合或动断触点的控制。其中 FR_1～FR_6 是各电动机过热保护的动断触点，正常状态为闭合，而当电动机发热超过限定值一定时间后，FR 动断触点断开，使电动机停转；其中 KA 为中间继电器的触点，它的得断电状态受 PLC 输出信号的控制。PLC 发出一个信号，相应的中间继电器动作，其动合触点闭合就会使相应的电动机旋转，其中的 KM 动断触点起互锁作用。

电磁换向阀的动作是由 1YA～14YA 中的相应电磁线圈控制的。同样，这些线圈的得失电是由中间继电器 KA 来控制的，KA 的动作也是由 PLC 的输出信号驱动的。非自动尾台的电磁换向阀选用了直流 24V 供电，这是从操作者的安全考虑的。

PLC 控制器在数控系统中起着非常重要的作用，它是实现机床自动加工的关键所在。PLC 按照计算机系统中编程指令所要求的具体内容，调用相应的 PLC 子程序模块，一一变成各执行器件的动作，再通过调速系统和伺服系统的配合，就形成了完整的数控机床的加工过程。

7.3 自动灌装机电气控制系统

液体自动灌装机系统是一种典型的电气自动化设备。它广泛应用于轻工、食品、制药等行业，是现代化企业中自动化生产线的典型代表，普遍采用自动检测技术、变频调速技术、计算机控制技术等，具有自动化程度高、操作人员劳动强度低、生产效率高、控制精度高、产品质量好等特点。

图 7.3.1 和图 7.3.2 所示分别为某药械厂自动灌装机主传动部分和辅助传动部分的电气控制系统。

灌装机主传动部分由一台三相异步电动机和一台三相伺服电动机提供动力，PLC 通过变频器和伺服控制器控制这两台电动机的工作状态。控制中心可以通过现场总线观测和控制各台电动机。

灌装机主传动电动机 M_1 的作用是驱动传送带装料头、进出瓶螺杆等，由变频器驱动，功率为 2.2kW，通过 R_1 或 R_2 调节给定速度。该电动机带有速度继电器和电磁抱闸制动器。当转速过高时，速度继电器常闭触点断开，电动机在变频器的控制下减速。当传动机构出现过载或故障时，变频器无输出，电磁抱闸失电后进行制动。

灌装架跟随伺服电动机 M_2 的作用是驱动灌装架前后跟进装料，由伺服控制器驱动，功率1.1kW，自带速度继电器进行过速保护，它受主电动机 M_1 的测速发电机(同步编码器)的控制，自动跟随主电动机的速度变化。

进瓶传送带电动机 M_3 的作用是驱动灌装机底部传送带，由变频器驱动，功率100W，当转速过高时，速度继电器向变频器发出信号，进行自动调速。主电动机 M_1 的变频器输出4～20mA的电流信号控制进瓶传送带电动机 M_3 的变频器，使两者速度保持同步。

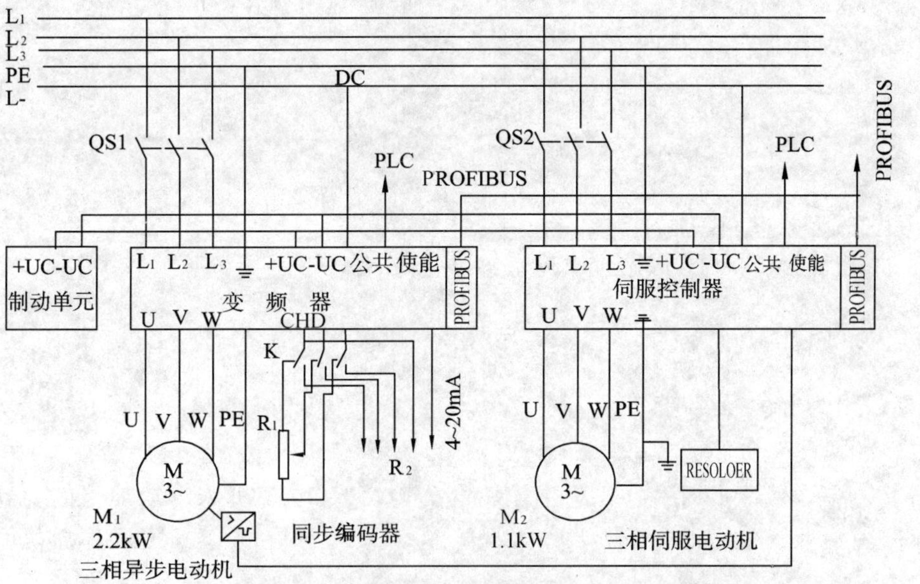

图7.3.1 自动灌装机主传动部分电气控制系统

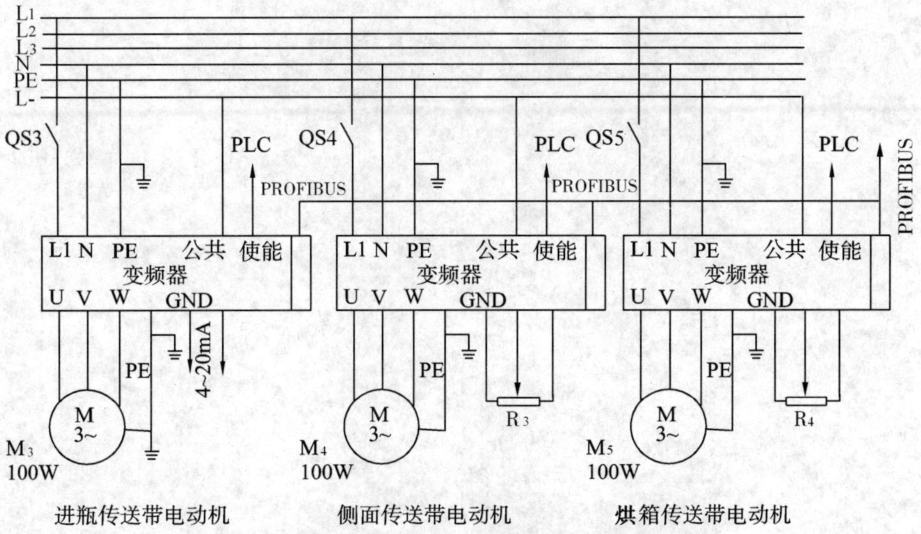

图7.3.2 自动灌装机辅助传动部分电气控制系统

侧面传送带电动机 M_4 的作用是驱动底部传送带改变方向处侧面的传送带运动，由变频器驱动，功率120W，通过 R_3 调节给定速度。

烘箱出口传送带电动机 M_5 的作用是驱动烘箱出口处灌装线的传送带，由变频器驱动，功率 100W，自带速度继电器控制，控制台的 R_4 可调节给定速度。

上述三个电气控制技术的应用例子，从一个侧面反映了现代化企业的生产设备，其自动化程度越来越高，设备中电气控制技术的含量越来越高，自动控制、计算机控制、网络控制、智能控制等先进手段不断渗透进电气控制技术中。